코로  의

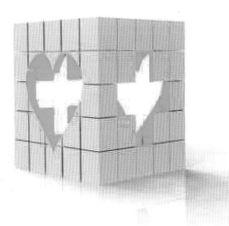

패러다임북

코로나바이러스감염증-19(COVID-19)의 예방과 치료
新型冠状病毒感染防护

초판 발행 2020년 2월 28일

편찬이 _ 중국광동성질병예방통제센터
펴낸이 _ 박찬익

등 록 _ 2014년 8월 22일 제 305-2014-000028호
펴낸곳 _ 패러다임북 ┃ 주소 서울시 동대문구 천호대로 16가길 4
전화 02) 922-1192~3 ┃ **팩스** 02) 928-4683 ┃ **홈페이지** www.pijbook.com
이메일 pijbook@naver.com

ISBN 979-11-965234-2-8 03470

* 책값은 뒤표지에 있습니다.

코로나바이러스감염증-19(COVID-19)의
예방과 치료
新型冠状病毒感染防护

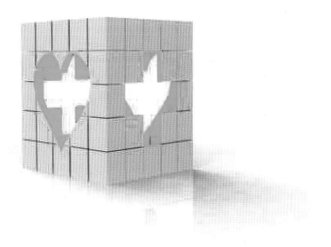

패러다임북

번역서를 발간하면서

인간은 태어나면서부터 육체적으로나 정신적으로 병마와 싸우면서 일생을 사라간다. 인간의 신체구조가 다양한 만큼 질병의 종류도 다양하다. 머리부터 발끝까지 다양한 외상 질병이 있고, 인간의 체내에 형성되는 병도 헤아릴 수 없이 많다. 그래서 인생은 병마와 싸워가는 과정이라고 해도 과언이 아닐 것이다. 질병의 종류는 인류생존의 환경이 개선되고 과학이 발달하여도 여전히 출몰한다. 과학과 의학을 동원해 질병을 방지하고 치료하지만 아직 원인이나 그 완치 방법을 몰라 인간은 항상 질병으로부터 두려움을 겪고 있다.

2020년의 새해를 맞는 기쁨도 가시기 전에 〈코로나바이러스-19〉가 발발하여 전 인류를 공포의 광장으로 몰아넣고 있다. 중국은 물론 한국에서도 확진환자가 속출하고 급기야 사망하는 파국이다. 전 국민이 이동의 자유를 제안받고, 일상생활은 물론 경제적 위기에 봉착하고 있다.

이러한 때 이 책을 번역하여 출판하게 됨은 그만큼 절실한 마음이다. 이제 인류는 좋든 싫든 한 가족이다. 또한 인류에게 닥친 도전은 공동으로 대처해야 한다. 이 책은 그런 의미에서 하루 빨리 소개되어야 하고 공유되어야 한다.

이 책의 특징은?
첫째, 〈상식 편〉에서는 코로나바이러스란 무엇인가?로 시작하여 질
　　　병에 대한 기초 상식을 정확하게 인지시켜준다.
둘째, 〈증상 편〉에서는 코로나바이러스는 어떻게 나타나는가?로 시
　　　작하는 증상에 대하여 알려줌으로 초기에 질병에 대응할 수
　　　있다.
셋째, 〈예방 편〉에서는 각종주의 사항을 숙지하여 질병을 예방할 수
　　　있도록 안내한다.
넷째, 〈오류 편〉에서는 질병에 대한 잘못된 상식을 바로잡고 정확하
　　　게 치료하는 방법을 모색하고 있다.

　　이 책은 〈중국광동과학기술출판사〉와 〈연변인민출판사〉
가 기획한 책을 번역하고 한국어 어법에 맞게 글을 다듬어 출
판했다. 좋은 책을 한국에 소개할 수 있도록 해주신 두 출판
사에 감사드린다. 이 책은 이해하기 편리하게 질문문답 형식
으로 기술하였으며, 간간히 그림을 넣어 이해를 더욱 쉽게 구
성하였다. 이 책이 〈코로나바이러스19〉 지침서로 널리 보급
되기를 기대하며 특히 개학을 앞둔 유학생들의 필수 건강 체
크 매뉴얼이 되기를 바란다.

2020년 2월 25일
패러다임북 편집부

[前言]

2020 年 1 月，湖北省武汉市等多个地区发生新型冠状病毒感染的肺炎疫情，党中央、国务院高度重视。中共中央总书记、国家主席、中央军委主席习近平作出重要指示：各级党委和政府及有关部门要把人民群众生命安全和身体健康放在第一位，制定周密方案，组织各方力量开展防控，采取切实有效措施， 坚决遏制疫情蔓延势头 ；要全力救治患者，尽快查明病毒感染和传播原因，加强病例监测，规范处置流程 ；要加强舆论引导，加强有关政策措施宣传解读工作，坚决维护社会大局稳定。（引自新华社 2020 年 1 月 20 日电《习近平对新型冠状病毒感染的肺炎疫情作重要指示》）

[머 리 말]

2020년 1월, 호북성(湖北省)의 무한시(武漢市) 등 중국 내
여러 지역에서 신종코로나바이러스 감염에 의한 폐렴이 발생
하여 중국공산당중앙위원회(中國共産黨中央委員會)과 국
무원(國務院)의 깊은 관심을 불러일으켰다. 중국공산당중앙
위원회 총서기(總書記), 중화인민공화국(中華人民共和國)
주석(主席), 중앙군사위원회 주석인 시진핑(習近平)은 이와
관련하여 다음과 같은 중요한 지시를 내렸다. "각급 당위원회
와 정부 및 관련 부처에서는 국민의 생명과 안전 그리고 보건
문제에 대해 시종일관 똑같은 자세로 세밀한 대책을 마련하
고 각자의 역량을 발휘하여 예방과 통제를 위한 효과적인 조
치를 취하여 단호하게 전염병의 확산 추세를 억제하여야 한
다. 전력을 다하여 감염환자를 구조하고 바이러스 감염 및 전
파 원인을 조속히 밝혀내며 질병사례 관찰과 처리 절차를 규
범화하여야 한다. 여론이 오도(誤導)되는 것을 막고 관련 정
책과 조치를 홍보하고 설명하는 업무를 착실히 수행하여 사
회 전반의 안전성을 확보해야 한다."(2020년 1월 20일 신화
통신 〈신종코로나바이러스감염 폐렴에 대한 시진핑(習近平)
의 중요 지시〉에서 인용.)

　　为此，广东省出版集团、南方出版传媒股份有限公司所属广东科技出版社联手广东省疾病预防控制中心，本着服务大局、服务社会、服务大众的宗旨，以高度使命感和责任感，加班加点、昼夜奋战，迅速推出《新型冠状病毒感染防护》科普图书。

　　全书聚焦广大群众热切关注的焦点，采用问答形式，分常识篇、症状篇、预防篇和误区篇四个部分，做了简明的答问，引领大众正确认识此次疫情的发生发展，新型冠状病毒感染的临床表现、易感人群、传播途径以及规范的防护措施等，旨在拨开笼罩在大众头上的疫情疑云，扫清因不明真相而产生的不必要恐慌和错误解读，引导大众树立对此次事件正确的认识态度，采取积极的防范措施。

이러한 상황에서 광동성출판그룹(廣東省出版集団有限公司) 및 남방출판매체주식유한회사(南方出版傳媒股份有限公司) 산하 광동과학기술출판사(廣東科技出版社)는 광동성질병예방통제센터(廣東省疾病豫防統制中心)와 협력하여 국가와 국민을 위한다는 사명감으로 불철주야로 노력한 결과 빠른 기간 내에 과학보급도서 《코로나바이러스감염증-19의 예방과 치료》를 출판하였다.

본 도서는 광범위하게 대중들이 관심을 갖는 문제에 중점을 두었으며, 구성은 상식편·증상편·예방편·오류편 등 네 개 부분으로 나뉘어져 있고, 일문일답의 형식으로 관련 문제에 대하여 간단명료한 해답을 제시하였다. 독자들은 본서를 통해서 코로나바이러스감염증-19의 발생과 전개 과정, 코로나19의 임상 증상과 감염 가능성이 높은 개체군, 전파경로, 규범화한 보호 조치 등 관련 정보를 정확하게 파악할 수 있다. 본 도서는 코로나19에 대한 구체적인 설명을 통해서 독자들의 불필요한 불안과 오해를 해소하고 독자들이 전염병을 정확히 인식하여 보다 적극적인 보호 조치를 취할 수 있도록 유도하는 데 착안하였다.

코로나바이러스감염19의 예방과 치료ㅡ 新型冠狀病毒感染防护

本书内容规范，图文并茂，深入浅出，力求对新型冠状病毒感染的相关知识进行详尽、科学、通俗的解释，为广大群众提供一份及时、权威的防疫抗疫指引，为人民群众的生命安全和身体健康做出应有的贡献。

编者

2020 年 1 月

본 도서는 그림과 과학적인 설명을 통해서 코로나바이러스감염증-19의 관련 지식을 상세하게 전달하였다. 본 도서가 일반 시민들이 코로나19를 효과적으로 예방하고 퇴치하며 시민들의 생명과 안전을 지키고, 보건 문제를 해결하는 데 기여를 할 것으로 믿어 의심치 않는다.

편자

2020년 1월

코
로
나
바
이
러
스
감
염
19
의

예
방
과

치
료
—
新
型
冠
状
病
毒
感
染
防
护

상식 편 | 常识篇

차
례
一
目
录

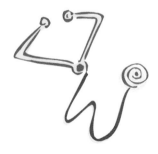

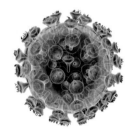

증상 편 │ 症状篇

코
로
나
바
이
러
스
감
염
19
의

예
방
과

치
료
—
新
型
冠
状
病
毒
感
染
防
护

예방 편 | 预防篇

오류 편 | 误区篇

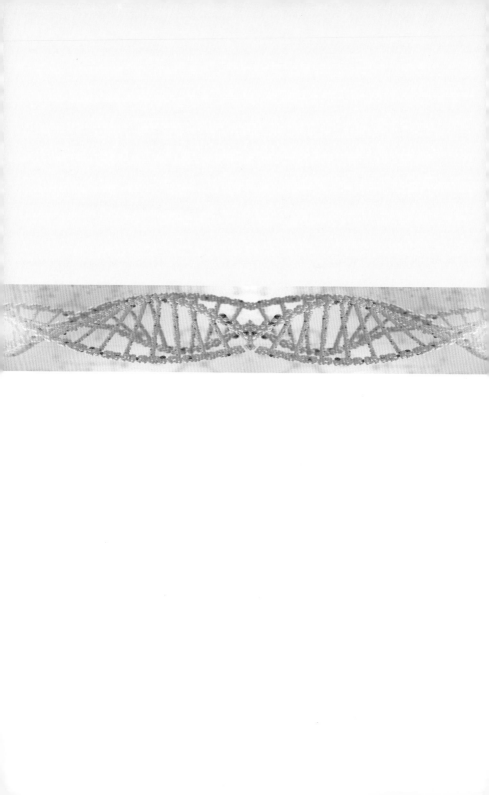

상식 편 | 常识篇

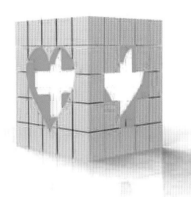

Q1　什么是冠状病毒？

冠状病毒是在自然界广泛存在的一个大型病毒家族、因其在电镜下观察形态类似王冠而得名、主要引起人类呼吸系统疾病。

目前已发现感染人的冠状病毒有7种、其中严重急性呼吸综合征冠状病毒(SARS-CoV)、中东呼吸综合征相关冠状病毒(MERS-CoV)和新型冠状病毒(2019-nCoV)等可引起较为严重的人类疾病。

冠状病毒除感染人类以外，还可感染猪、牛、猫、犬、貂、骆驼、蝙蝠、鼠、刺猬等多种哺乳动物及多种鸟类。

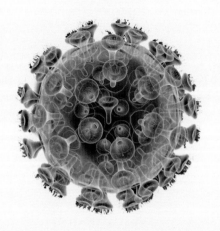

Q1 코로나바이러스란 무엇인가?

코로나바이러스는 자연계에 널리 존재하는 대규모 바이러스군이다. 전자현미경으로 관찰하면 그 모양이 마치 일식이나 월식이 일어날 때, 태양이나 달의 둘레에 형성되는 빛의 고리(영어로 '코로나'라고 함.)와 비슷하다고 하여 코로나바이러스란 명칭을 갖게 되었다. 코로나바이러스는 주로 사람의 호흡기 감염증을 유발한다.

지금까지 발견된 사람에게 감염될 수 있는 코로나바이러스는 총 7종인데 그 중에서 중증 급성 호흡기증후군 코로나바이러스(SARS-CoV), 중동 호흡기증후군 메르스 코로나바이러스(MERS-CoV), 신종코로나바이러스(2019-nCoV)는 비교적 심각한 질병을 초래할 수 있는 바이러스로 사람들의 주목을 받고 있다.

코로나바이러스는 인간 외에도 돼지, 소, 고양이, 개, 담비, 박쥐, 쥐, 고슴도치 등 여러 가지 포유동물과 조류에게 감염될 수 있다.

Q2　什么是新型冠状病毒？

新型冠状病毒是指以前从未在人类中发现的冠状病毒新毒株。2019年12月导致武汉病毒性肺炎疫情暴发的病毒为新型冠状病毒、世界卫生组织将该病毒命名为 2019-nCoV。

Q3　新型冠状病毒与SARS病毒、MERS病毒的区别是什么？

新型冠状病毒与SARS病毒、MERS病毒是同属于冠状病毒大家族里的"兄弟姐妹"、基因进化分析显示它们分属于不同的亚群分支、病毒基因序列有差异。

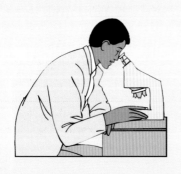

Q2 신종코로나바이러스란 무엇인가?

신종코로나바이러스는 지금까지 사람에게 발견된 적이 없었던 코로나바이러스이다. 2019년 12월 중국 무한(武漢)에서 발생하여 바이러스성 폐렴을 유발하는 바이러스는 새로운 코로나바이러스의 일종으로, 세계보건기구(WHO)에서는 이 바이러스를 '2019-nCoV'로 명명하였다.

우리나라에서는 코로나바이러스감염증-19(COVID-19)라고 명명하였다.

Q3 신종코로나바이러스와 사스바이러스, 메르스바이러스의 차이점은 무엇인가?

신종코로나바이러스, 사스바이러스, 메르스바이러스는 모두 코로나바이러스의 일종으로 주요 유전자 변이 분석과 진화 예측을 통해서, 이 3종의 바이러스가 서로 다른 아족(亞族)에 속하고 바이러스 유전자 배열에도 차이가 존재한다는 사실이 밝혀졌다.

Q4　哪些冠状病毒能感染人类？

迄今为止、除本次在武汉引起病毒性肺炎疫情暴发的新型冠状病毒（2019-nCoV）外、共发现6种可感染人类的冠状病毒、分别是HCoV-229E、HCoV-OC43、SARS-CoV、HCoV-NL63、HCoV-HKU1和MERS-CoV。

Q5　新型冠状病毒会人传人吗？

会！新型冠状病毒虽然来源尚不明确、但是具备在人与人之间传播的能力、已发现其在医疗机构与社区中存在人与人传播。

Q4 인체에 감염될 수 있는 코로나바이러스에는
어떤 것들이 있는가?

　중국 무한(武漢) 지역에서 발생한 바이러스성 폐렴을 유
발하는 신종코로나바이러스(2019-nCoV) 이외에 사람에게
감염될 수 있는 코로나바이러스에는 HCoV-229E, HCoV-
OC43, SARS-CoV, HCoV-NL63, HCoV-HKU1, MERS-
CoV 등 6종이 있다.

Q5 신종코로나바이러스는 사람 간에 전염될 수
있는가?

　전염될 수 있다. 신종코로나바이러스 병의 근본적인 원인
은 아직까지 분명하지 않지만 사람 간에 전염될 수 있는 능력
을 갖고 있는 것이 확실하다. 의료기관과 일반지역에서 사람
간에 전염된 사례가 있다.

Q6 新型冠状病毒是怎么传播的？

根据中国疾病预防控制中心的分析、可以肯定新型冠状病毒存在飞沫传播、也几乎可以确定存在接触传播、但尚不能确定是否存在空气传播。

Q7 新型冠状病毒的传播强度大吗？

根据中国疾病预防控制中心的分析、新型冠状病毒具有一定的传播强度、如果不采取防护措施、理论上1名患者可以将病毒传播给 2~3人。

Q6 신종코로나바이러스는 어떻게 전염되는가?

중국질병예방통제센터(中國疾病豫防統制中心)의 분석에 따르면 신종코로나바이러스는 확실히 비말(飛沫: 미세 물방울)이나 신체 접촉으로 감염되어 발병할 가능성이 아주 높다고 한다. 공기 감염 여부는 아직까지 확인되지 않았다.

Q7 신종코로나바이러스의 전염성은 어느 정도인가?

중국질병예방통제센터의 분석에 따르면, 신종코로나바이러스는 전염성이 비교적 강하다. 적절한 예방, 보호 조치를 강구하지 않을 경우, 한 명의 감염환자가 2~3명에게 바이러스를 전염시킬 수 있다.

Q8 处于潜伏期的新型冠状病毒感染的肺炎患者会传染他人吗？

会。新型冠状病毒感染的肺炎患者潜伏期在10天左右、最短是1天、最长是14天。患者在潜伏期有传染性、所以会传染他人。

Q9 冠状病毒离开人体后，在环境中可以存活多久？

以人冠状病毒中SARS-CoV为例、其于室温24℃条件下在尿液里至少可存活10天、在腹泻患者的痰液和粪便里能存活5天以上、在血液中可存活约15天、在塑料、玻璃、马赛克、金属、布料、复印纸等多种物体表面均可存活2~3天。
目前暂没有新型冠状病毒(2019-nCoV)在环境中能存活多久的研究数据。

Q8 잠복기의 신종코로나바이러스감염증 환자는 타
인에게 바이러스를 전염시킬 수 있는가?

전염시킬 수 있다. 신종코로나바이러스감염증 환자의 잠
복기는 일반적으로 10일 내외로 짧게는 1일, 길게는 14일이
다. 신종코로나바이러스는 잠복기에도 전염성이 있기 때문에
감염환자는 타인에게 바이러스를 전염시킬 수 있다.

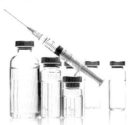

Q9 인체에서 분리된 코로나바이러스는
일반 환경에서 얼마 동안 생존할 수 있는가?

중증 급성 호흡기증후군 코로나바이러스(SARS-CoV)는
실내온도가 24℃일 경우, 소변에서 짧게는 10일 정도 생존할
수 있고, 설사 환자의 가래 혹은 대변에서 5일 이상 생존할
수 있으며, 혈액 속에서는 15일 정도 생존할 수 있다. 그리고
비닐, 유리, 모자이크, 금속, 옷감, 복사지 등 다양한 물체 표
면에서 2~3일 동안 생존할 수 있다.

그러나 지금까지 관련 연구 수치가 없기 때문에 신종코로
나바이러스(2019-nCoV)가 인체에서 분리된 후 일반 환경에
서 얼마 동안 생존할 수 있는지 알 수 없는 상황이다.

Q10 有针对新型冠状病毒的疫苗吗？

新型冠状病毒是一种新发现的病毒、目前尚无可用疫苗。

开发一种新型疫苗可能需要若干年的时间。

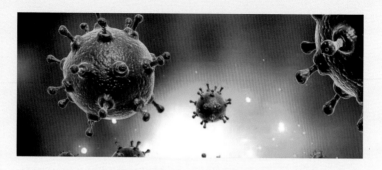

Q11 如何快速检测新型冠状病毒？和流感病毒的检测方法相同吗？

对痰液、咽拭子、下呼吸道分泌物等标本进行实时荧光RT-PCR检测新型冠状病毒核酸、一般4个小时可出结果。检测方法与流感病毒的检测方法相同。

Q10 신종코로나바이러스는 백신이 있는가?

　신종코로나바이러스는 새롭게 발견된 바이러스로서 아직
까지 백신을 개발하지 못한 상황이다. 백신을 개발하는 데 일
정한 시간이 소요될 수 있다.

Q11 신종코로나바이러스의 검출 속도를 향상시킬 수
있는 방법은 무엇인가? 신종코로나바이러스와
유행성 감기 바이러스의 검출 방법은 같은가?

　실시간 중합효소연쇄반응(RT-PCR)을 통해서 가래, 인
후체액(咽拭子), 하부호흡기 분비물 등의 표본에서 신종코로
나바이러스 핵산을 검출할 수 있는데 결과를 확인하는 데 4시
간 정도 시간이 소요된다. 신종코로나바이러스의 검출방법은
유행성 감기 바이러스의 검출방법과 같다.

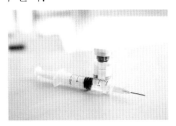

Q12 新型冠状病毒感染有药物可以预防吗？

暂时没有。对于病毒性疾病、除少数疾病如流感外、通常无特效药可以预防。

Q13 新型冠状病毒感染的肺炎能治疗吗？

虽然目前对于新型冠状病毒所致疾病没有特定的治疗方法、但许多症状能对症处理、可以有效减轻患者病情。此外，辅助护理可能对感染者的康复非常有效。

Q12 신종코로나바이러스 감염을 예방할 수 있는
약품이 있는가?

신종코로나바이러스 감염을 예방할 수 있는 약품은 아직
까지 개발되지 못하였다. 일반적으로 유행성 감기 등 소수의
바이러스성 질병을 제외하고는 예방할 수 있는 약품이 없다.

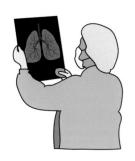

Q13 신종코로나바이러스 감염증은 치료가 가능한가?

아직까지 신종코로나바이러스 감염증을 치료할 수 있는
방법은 없다. 하지만 증상에 따른 대증(对症)요법을 통해서
환자의 병세를 완화시킬 수 있다. 이 밖에 보조적인 간호 조
치가 감염환자가 건강을 회복하는 데 도움을 줄 수 있다.

Q14 什么是密切接触者？

简单地说、密切接触者是指跟患者(疑似或确诊病例)有过近距离(2米范围内)接触、如与患者乘坐同一交通工具(同乘航班前后2排乘客和机组人员、火车及高铁同节车厢前后2排乘客、汽车同乘全部人员)、共用一个教室、在同一所房屋内生活、但又未做任何防护措施(如戴口罩等)的人员。

是否属于密切接触者、最终需要疾病预防控制中心的专业人员进行流行病学调查后做出专业判定。

Q14 어떤 사람들을 밀접접촉자라고 하는가?

밀접접촉자란 환자(의심 환자 또는 확진 환자)와 근거리(2미터 이내)에서 접촉한 적이 있는 사람을 가리킨다. 환자와 동일한 교통수단을 이용하였고(같은 비행기에 탑승한 경우, 환자의 앞줄과 뒷줄에 앉은 승객과 승무원이 포함되며, 일반열차 혹은 고속열차에 탑승한 경우, 환자와 같은 칸에 타고 있던 승객 중에서 환자의 앞줄과 뒷줄에 앉은 승객이 포함되고, 같은 버스에 탑승한 경우, 모든 승객들이 포함됨), 같은 교실에서 수업을 받았거나 한집에서 생활하면서 아무런 예방, 보호 조치(마스크)도 취하지 않은 사람들이다.

질병예방통제센터(疾病豫防控制中心) 전문가의 역학 조사에 근거하여 밀접접촉자의 여부를 판정하여야 한다.

Q15 如果接到疾病预防控制部门通知，你是一位密切接触者，怎么办？

按照要求、密切接触者需要进行居家医学隔离观察、不用恐慌。作为密切接触者、不要上班、不要随便外出、做好自我身体状况观察、定期接受社区医生的随访。如果出现发热、咳嗽等异常临床表现，要及时向当地社区随访医生报告、在其指导下到指定医疗部门进行排查、诊治。

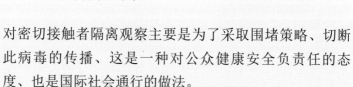

Q16 为什么要对密切接触者隔离观察14天？

对密切接触者隔离观察主要是为了采取围堵策略、切断此病毒的传播、这是一种对公众健康安全负责任的态度、也是国际社会通行的做法。

基于目前对新型冠状病毒感染的肺炎的认识、从接触病毒到发病的最长时间为14天、所以我们需要对密切接触者隔离观察14天。过了14天、如果没有发病、才可以判定此人未被感染。

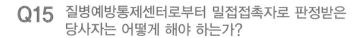

Q15 질병예방통제센터로부터 밀접접촉자로 판정받은
당사자는 어떻게 해야 하는가?

밀접접촉자는 불안에 떨지 말고 관련 수칙에 따라 자가
격리 관찰을 받아야 한다. 밀접접촉자는 출근이나 외출을 삼
가하고, 자신의 상태를 자세히 관찰하는 한편, 정기적으로 해
당 지역에서 파견한 의사의 검진을 받아야 한다. 발열, 기침
등 이상 증상이 발생할 경우, 즉시 해당 지역 병원의 의사에
게 증상을 알리고 의사의 보호 하에 지정 병원에 가서 진찰을
받아야 한다.

Q16 밀접접촉자를 14일 동안 격리 관찰해야 하는
이유는 무엇인가?

밀접접촉자는 격리시켜 몸의 상태를 관찰하는 이유는 바
이러스 전염을 차단하는 데 있다. 이는 일반 시민의 건강과 안
전을 보장하는 조치로써 국제 사회에서 일반적으로 실행되는
조치이다.

현재까지 관찰한 바에 따르면, 신종코로나바이러스와 접
촉한 후 감염 증상이 발생하는 데, 걸리는 시간이 14일이다.
그러므로 밀접접촉자는 14일 동안 격리, 관찰해야 한다. 14일
후 밀접 접촉자에게 감염 증상이 발생하지 않을 경우, 코로나
바이러스에 감염되지 않았다고 판정할 수 있다.

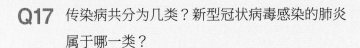

코로나바이러스감염19의 예방과 치료—신型冠状病毒感染防护

Q17 传染病共分为几类？新型冠状病毒感染的肺炎属于哪一类？

《中华人民共和国传染病防治法》规定管理的传染病分甲、乙、丙三类，原有39种。甲类传染病是指传染性强、病死率高、易引起大流行的烈性传染病、如鼠疫、霍乱。

2020年1月20日，经国务院批准，新型冠状病毒感染的肺炎被纳入《中华人民共和国传染病防治法》规定的乙类传染病、采取甲类传染病的防控措施进行管理。

Q17 전염병은 몇 종으로 분류되는가?
신종코로나바이러스 감염증은 어느 부류에
속하는가?

《중화인민공화국(中華人民共和國) 전염병예방퇴치법(傳染病豫防退治法)》의 규정에 의하면 전염병은 총 39종이 있으며 제1종 전염병, 제2종 전염병, 제3종 전염병으로 분류된다. 제1종 전염병은 전염성과 사망률이 높으며 전염 범위가 넓은 독성 전염병을 가리키는데 페스트, 콜레라 등이 여기에 포함된다.

2020년 1월 20일 국무원(國務院)은 신종코로나바이러스 감염증을 《중화인민공화국 전염병예방퇴치법》에서 규정한 제2종 전염병에 신규 추가하고 제1종 전염병의 예방통제조치를 적용시켜 관리하기로 결정하였다.

추가열독1

Q18 感染新型冠状病毒一定会得肺炎吗？

根据目前掌握的信息、新型冠状病毒感染的病例均会出现不同程度的肺部影像学改变、也就是说都有肺炎的表现。随着对疾病认识的深入、也可能会发现无肺炎表现的患者。

Q19 新型冠状病毒感染的肺炎患者去医院就医需要注意什么？

患者去医院就医应注意正确佩戴口罩、最好是一次性医用口罩、并主动告知医生自己的旅行史、接触史、帮助医生判断病情。

Q18 신종코로나바이러스에 감염되면 반드시 폐렴 증상이 발생하는가?

현재까지 수집한 정보에 따르면 신종코로나바이러스 감염증 환자들은 모두 정도의 차이는 있지만 폐부(肺部) 영상의학적으로 확인된 변화, 즉 폐렴 증상이 발생하였다. 신종코로나바이러스에 대한 인식이 깊어짐에 따라 폐렴 증상이 없는 감염 환자가 나타날 가능성도 있다.

Q19 신종코로나바이러스감염증 환자는 병원치료를 받을 경우 주의할 점은 무엇인가?

병원 치료를 받을 경우, 감염 환자는 마스크를 올바르게 착용하여야 하는데 일회용 마스크를 착용하는 것이 가장 좋다. 또한 어디에 여행을 갔는지, 어떤 사람들과 접촉하였는지 말해야 한다. 이는 의사가 전염병의 발생 상황을 파악하는 데 도움이 된다.

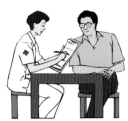

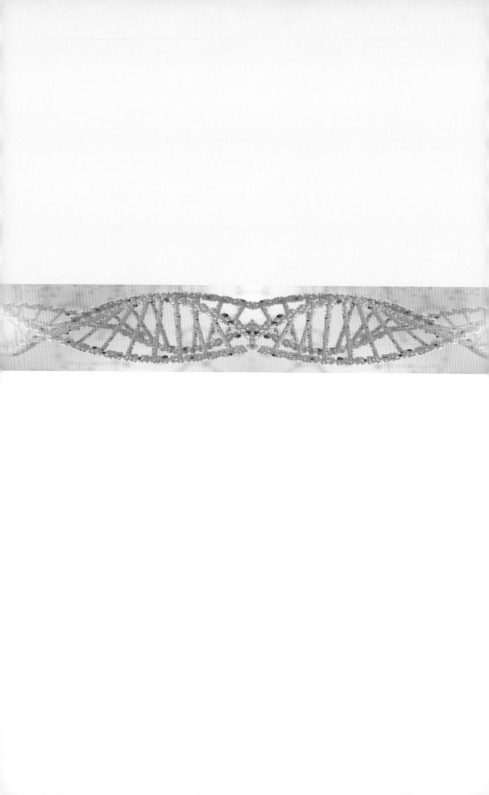

증상 편 | 症状篇

Q1 人感染冠状病毒后会有什么症状？

人感染冠状病毒的症状严重程度不等、常见的临床表现有发热、咳嗽、气促和呼吸困难等。在较严重的病例中，感染可导致肺炎、严重急性呼吸综合征、肾衰竭、甚至死亡。

此次新型冠状病毒感染的肺炎病例的临床症状以发热、乏力、干咳为主要表现、鼻塞、流涕等上呼吸道症状少见。约半数患者在1周后会出现呼吸困难，严重者可快速进展为急性呼吸窘迫综合征、脓毒症休克、难以纠正的代谢性酸中毒和出凝血功能障碍。部分患者起病症状轻微、可无发热、少数患者病情危重、甚至死亡。

Q1 신종코로나바이러스에 감염되면, 어떤 증상이 발생하는가?

　신종코로나바이러스의 감염 증상은 증상의 정도와 심각한 정도는 같지 않다. 가장 흔히 볼 수 있는 증상은 발열, 기침, 호흡 곤란 등이 있다. 비교적 중증의 코로나-19 환자는 감염에 의한 폐렴, 중증 급성 호흡기 증후군, 신장쇠약으로 사망할 수도 있다.

　신종코로나바이러스 감염증 환자의 주요 임상 증상은 발열, 무기력, 마른기침 등이다. 코 막힘, 콧물 등의 상부 호흡기 증상이 나타나는 환자는 많지 않다. 환자 중 절반 이상은 일주일 이후부터 호흡 곤란 증상이 발생한다. 심할 경우에 급성으로 성인 호흡 곤란 증후군, 패혈성 쇼크, 심각한 대사성 산증, 응고 기능 장애가 발생할 수 있다. 일부 환자는 초기에 증상이 경미하고 발열 증상도 나타나지 않는다. 병세의 악화로 사망하는 환자는 소수이다.

추가열독2

Q2 如果出现发热、乏力、咳嗽等临床表现，是否
意味着自己被新型冠状病毒感染了？

很多呼吸道疾病都会出现发热、乏力、干咳等表现、是
否被新型冠状病毒感染、需要医生根据患者发病前的活
动情况、是否接触过可疑病例、实验室检测结果等信息
来综合判断。
因此、一旦出现疑似新型冠状病毒感染的症状、请不要
恐慌、应做好自身防护并及时就医。

Q3 出现什么症状需要就医？

如果出现发热、乏力、肌肉酸痛、咳嗽、咳痰、气促等
症状、都应及时就医、并同时告诉医生发病前两周的旅
行史、以便医生快速做出诊断。

Q2 발열, 무기력, 기침 등의 임상 증상이 발생하면,
신종코로나바이러스 감염을 의심할 수 있는가?

호흡기 질환 대부분은 발열, 무기력, 마른기침 등의 증상
이 발생한다. 의사는 환자의 발병 전 활동 상황, 의심 환자와
의 접촉 상황, 실험실 검사 결과 등의 정보에 근거하여 신종
코로나바이러스 감염 여부를 종합적으로 판단한다. 그러므로
신종코로나바이러스 감염증과 비
슷한 증상이 나타나면 당황하지 말
고 자기 보호를 하는 한편 즉시 병
원에 가서 진찰을 받아야 한다.

Q3 어떤 증상이 나타나면, 병원에 가서 진찰을
받아야 하는가?

발열, 무기력, 근육통, 기침, 호흡 곤란 등의 증상이 발생
하면 반드시 병원에 가서 진찰을 받아야 한다. 또한 의사가 빠
른 시간 내에 진단을 내릴 수 있도록 발병 전 2주일 동안 어디
에 여행을 간 적이 있는지 말해야 한다.

Q4 目前医院对发热、咳嗽病例的就诊流程是怎样的？如何诊断新型冠状病毒感染的肺炎？

医院对发热、咳嗽病例的就诊流程：患者前来就诊、首先会到预检分诊处、由护士测量体温。如果有发热、咳嗽、护士会给患者戴上医用口罩、引导至发热门诊就诊、门诊医生会根据患者的信息、在问诊与检查过程中、重点询问患者发病前2周是否到过疾病流行地区、是否有与类似病例接触的情况。若患者的临床表现符合新型冠状病毒感染的肺炎疑似病例的定义、且曾到过疾病流行地区或与类似病例接触过、那么就会被立即收治入院隔离治疗。同时采集咽拭子、痰液等标本送疾病预防控制中心或有条件的医院实验室进行新型冠状病毒检测。如果检测结果为阳性、即可确诊。

Q4 현재 병원에서 발열, 기침 증상이 있는 환자를
진찰하는 절차는 어떠한가? 신종코로나바이러스
감염증을 어떻게 확진할 것인가?

병원에서 발열, 기침 증상이 있는 환자를 진찰하는 절차
는 다음과 같다. 환자는 우선 예비 진찰실에 가서 체온을 측
정한다. 발열, 기침 증상이 있을 경우, 간호사는 환자가 마스
크를 착용하게 하고 발열외래진찰실로 안내한다. 의사는 환
자가 제공한 정보에 근거하여 발병 전 2주일 동안 전염병 발
생 지역에 다녀온 적이 있는지, 의심 환자와 접촉한 적이 있
는지 등의 질문을 한다. 만일 환자에게 발열, 기침 증상이 발
생하고 환자가 전염병 발생 지역에 다녀온 적이 있거나 의심
환자와 접촉한 적이 있다면, 즉시 환자를 입원시키고 격리 치
료를 진행하여야 한다. 동시에 환자의 인후체액, 가래 등을
질병예방통제센터에 보내 검사하도록 한다. 조건이 허락되는
병원은 직접 검사할 수 있다. 검사 결과가 양성으로 판정되면
감염 확진 판정을 내릴 수 있다.

추가열독3

Q5 怀疑自己有新型冠状病毒感染的症状怎么办？

如果怀疑自己可能受到新型冠状病毒感染、就不要去上班或上学、应主动戴上口罩到就近的定点救治医院发热门诊就诊。如果去过疾病流行地区、应主动告诉医生；发病后接触过什么人、也应告诉医生、配合医生开展相

关调查。同时要加强居家通风和消毒、在家戴口罩、避免近距离接触家人、注意个人卫生、勤洗手。

Q6 怀疑周围的人感染新型冠状病毒怎么办？

如果怀疑周围的人感染了新型冠状病毒、首先应自己佩戴口罩、与对方保持距离、避免与对方近距离交流、然后建议对方佩戴口罩、及时前往就近的定点救治医院发热门诊接受治疗。

Q5 신종코로나바이러스 감염 증상이 발생하면, 어떻게 해야 하는가?

신종코로나바이러스 감염 증상이 발생하면 직장이나 학교에 가지 말아야 한다. 그리고 마스크를 착용하고 가까운 병원에서 진찰을 받아야 한다. 전염병 발생 지역에 다녀온 적이 있을 경우에는 의사에게 사실대로 말해야 한다. 그리고 의사가 관련 조사를 진행할 수 있도록 발병 후, 어떤 사람과 접촉하였는지 말해야 한다. 그리고 실내의 통풍과 소독에 주의하고 실내에서 마스크를 착용하며 가족들과의 밀접한 접촉을 피하여야 한다. 개인 위생에 주의하고 자주 손을 씻어야 한다.

Q6 신종코로나바이러스 감염이 의심되는 사람을 발견하면 어떻게 해야 하는가?

신종코로나바이러스 감염이 의심되는 사람을 발견하면, 우선 마스크를 착용하고 상대방과의 밀접한 접촉을 피하며 일정한 거리를 유지하여야 한다. 그리고 상대방에게 마스크를 착용하고 가까운 병원을 찾아가 진찰을 받아볼 것을 권고하여야 한다.

Q7 新型冠状病毒感染引起的症状与SARS、流感、
普通感冒有什么区别？

新型冠状病毒感染以发热、乏力、干咳为主要表现、并
会出现肺炎。但值得关注的是，早期患者可能不发热、
仅有畏寒和呼吸道感染症状、但CT会显示有肺炎现象。
新型冠状病毒感染引起的重症病例症状与 SARS类似。
流感的临床表现为高热、咳嗽、咽痛及肌肉疼痛等、有
时也可引起肺炎、但是并不常见。
普通感冒的症状为鼻塞、流鼻涕等、多数患者症状较
轻、一般不引起肺炎症状。

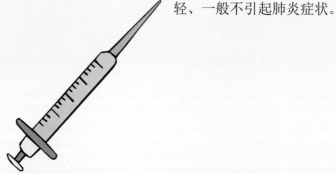

Q8 哪类人群容易感染新型冠状病毒？

新型冠状病毒感染的肺炎是一种全新的冠状病毒肺炎、
人群对新型冠状病毒普遍缺乏免疫力、该病毒具有人群
易感性。老年人、青壮年及儿童均有发病、目前以老年
人发病多见。

Q7 신종코로나바이러스 감염 증상과 사스, 유행성 감기, 보통 감기의 증상은 어떤 차이가 있는가?

신종코로나바이러스에 감염되면 발열, 무기력, 마른기침 등의 증상이 발생하는 동시에 폐렴으로 발전한다. 하지만 주의할 점은 발병 초기의 환자에게는 발열 증상이 나타나지 않을 수 있다는 것이다. 이런 환자들에게는 추위에 노출되어 호흡기관이 감염되는 증상이 발생할 경우, CT 촬영으로 폐렴 증상을 확인할 수 있다. 신종코로나바이러스 감염에 의한 중증 사례의 증상은 사스와 유사하다. 유행성 감기의 임상 증상은 고열, 기침, 인후통, 근육통 등이며, 때로 폐렴 증상이 발생하기도 한다. 보통 감기는 코 막힘, 콧물 등의 증상이 발생하는데 일반적으로 대다수 환자의 증상은 경미하고 폐렴으로 발전하지 않는다.

Q8 어떤 사람들이 신종코로나바이러스에 쉽게 감염될 수 있는가?

신종코로나바이러스 감염증은 새로운 코로나바이러스 폐렴으로 대부분 사람들은 신종코로나바이러스에 대한 면역력이 낮다. 신종코로나바이러스는 전염성이 강하기 때문에 노인, 청·장년, 아동에게 모두 전염될 수 있다. 현재 노인들에게 많이 발병된다.

Q9　哪类人群感染新型冠状病毒后容易出现重症？

免疫功能较差的人群、例如老年人、孕产妇、或存在肝肾功能障碍的人群、病情进展相对更快、严重程度更高。当然、很多免疫功能正常的人群、感染以后也可因为严重的炎症反应、导致急性呼吸窘迫综合征或脓毒症表现、所以不能掉以轻心。

Q9 어떤 사람들이 신종코로나바이러스에 감염되면, 쉽게 중증 상태에 빠질 수 있는가?

　주로 면역력이 비교적 약한 사람들이다. 이를테면 노인, 임신부, 간 기능과 신장 기능이 약한 사람들은 병세가 아주 빠른 속도로 악화될 수 있다. 면역력이 강한 사람도 신종코로나바이러스에 감염되면 심각한 염증 반응으로 급성 호흡 장애 증후군 또는 농독증을 유발할 수 있기 때문에 항상 주의를 기울여야 한다.

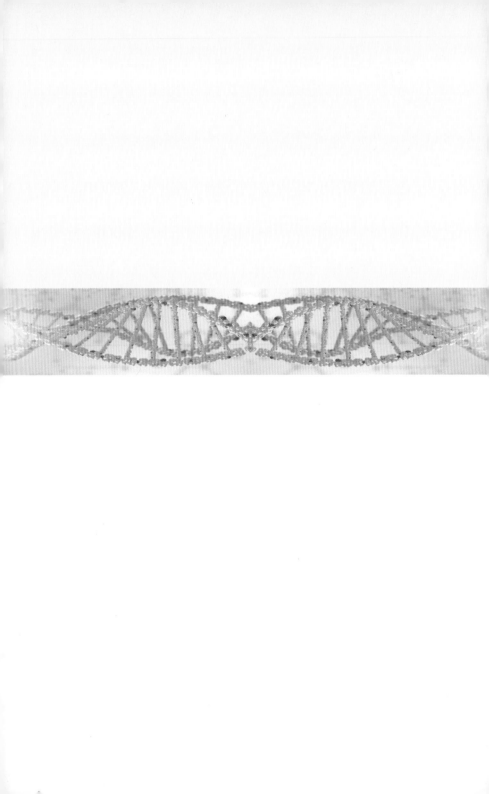

예방 편 | 预防篇

Q1　如何预防新型冠状病毒感染？

预防新型冠状病毒感染、应采取以下措施：

1. 避免去疫情流行区、避免与来自疫情流行区的人员近距离接触。

2. 生活在疫情流行区的人员尽量不外出、出门戴口罩、回家要洗手。

3. 如果家中有来自疫情流行区的人员、应尽可能安排其与家中的其他人待在不同的房间里、戴口罩、勤洗手、避免共用家居用品。

4. 避免到人流密集的场所。避免到封闭、空气不流通的公共场所和人多聚集的地方、特别是儿童、老年人及免疫功能较差的人群。外出要佩戴口罩。

5. 加强开窗通风。居家每天都应该开窗通风一段时间、加强空气流通、以有效预防呼吸道传染病。

6. 加强锻炼、规律作息、提高自身免疫力。

7. 注意个人卫生。勤洗手、用肥皂和清水搓洗20秒以上。

   打喷嚏或咳嗽时注意用纸巾或屈肘掩住口鼻、不宜直接用双手捂住口鼻。

8. 及时观察就医。如果出现发热(特别是高热不退)、咳嗽、气促等呼吸道感染症状、应佩戴口罩及时就医。

Q1 신종코로나바이러스 감염을 어떻게 예방할 것인가?

신종코로나바이러스 감염을 방지하려면 아래와 같은 몇 가지 조치를 취하여야 한다.

(1) 전염병 발생 지역에 가지 말고 전염병 발생 지역에 다녀온 사람들과 접촉을 피하여야 한다.

(2) 전염병 발생 지역에 거주하는 사람들은 가급적 외출을 자제하여야 한다. 바깥 출입 시 마스크를 착용하고 귀가 후 손을 씻어야 한다.

(3) 가족 중에서 전염병 발생 지역에 다녀온 사람이 있을 경우, 다른 방에서 지내게 하고 마스크를 착용하게 하며 손을 자주 씻게 해야 한다. 그리고 생활용품을 함께 사용하지 말아야 한다.

(4) 사람들이 밀집된 장소에 가지 말아야 한다. 밀폐되었거나 통풍이 잘 안 되는 장소 그리고 사람들이 많이 모여 있는 장소를 피하여야 한다. 특히 아동, 노인 및 면역력이 비교적 낮은 사람들은 이런 곳을 피하고 바깥 출입 시 반드시 마스크를 착용하여야 한다.

(5) 실내의 통풍에 주의를 기울여야 한다. 매일 창문을 열어 실내의 공기를 환기시켜 호흡기 전염병의 발생을 예방하여야 한다.

코
로
나
바
이
러
스
감
염
19
의
예
방
과
치
료
ㅡ
新型冠状病毒感染防护

추가열독4

Q2 近期去过疫情流行区，回到居住地后要注意什么？

如果近期去过疫情流行区如湖北等地、回到居住地后要向居委会报备自己情况、自行居家隔离14天、期间密切观察自己及周围人的健康状况。如果14天后没有出现任何不适、可解除隔离观察。

如出现发热、乏力、干咳、肌肉酸痛、气促等症状、应正确佩戴口罩立即就医、就医时应主动告知医生自己的疫区旅行史和接触史。

(6) 신체 단련을 강화하고 규칙적인 생활습관을 길러야 한다. 이를 통하여 신체의 면역력을 향상시켜야 한다.

(7) 개인 위생에 주의하여야 하며 손을 자주 씻어야 한다. 비누로 흐르는 물에 20초 이상 손을 씻어야 한다. 기침을 할 때, 두 손 대신에 휴지나 옷소매 등으로 코와 입을 가려야 한다.

(8) 제때에 병원에 가서 진찰을 받아야 한다. 발열(지속적인 고열), 기침, 호흡 곤란 등의 호흡기 감염 증상이 발생할 경우, 마스크를 착용하고 병원에 가서 진찰을 받아야 한다.

Q2 최근에 전염병 발생 지역에 다녀온 적이 있다면, 어떤 점에 주의해야 하는가?

만일 중국 호북성(湖北省) 등 전염병 발생 지역에 다녀온 적이 있다면, 그 사실을 제때에 해당 지역 주민위원회에 알리고 외출을 자제하여야 한다. 집에서 14일 동안 자가 격리를 하면서 자신과 주위 사람들의 건강 상태를 관찰하여야 한다. 14일 후 이상 증상이 발생하지 않으면 격리 관찰을 종료할 수 있다.

만일 발열, 무기력, 마른기침, 근육통, 호흡 곤란 등의 증상이 발생하면 바로 마스크를 착용하고 병원에 가서 진찰을 받아야 한다. 진찰을 받을 때 의사에게 전염병 발생 지역에 다녀온 사실을 말해야 한다.

Q3 咳嗽和打喷嚏时要注意什么？

咳嗽和打喷嚏时、含有病毒的飞沫可散布到大约2米范围内的空气中、周围的人可因吸入这些飞沫而被感染。因此要注意：

1. 咳嗽和打喷嚏时应用纸巾或屈肘（而不是双手）遮掩口鼻。
2. 咳嗽和打喷嚏时用过的纸巾放入有盖的垃圾桶内。
3. 咳嗽和打喷嚏后最好用肥皂或洗手液彻底清洗双手。

Q3 기침과 재채기를 할 때, 어떤 점에 주의해야
하는가?

기침과 재채기를 할 때, 바이러스가 포함된 비말이 2미터
이내 공기 중에 전파되어 주위 사람들의 감염을 초래할 수 있
다. 그러므로 다음과 같은 몇 가지 사항에 주의하여야 한다.

(1) 기침과 재채기를 할 때, 손으로 가리지 말고, 휴지 또
는 옷소매로 코를 가려야 한다.

(2) 기침과 재채기를 할 때, 사용한 휴지는 뚜껑이 있는
쓰레기통에 버려야 한다.

(3) 기침과 재채기를 한 후, 비누 혹은 손 세정제로 두 손
을 깨끗이 씻어야 한다.

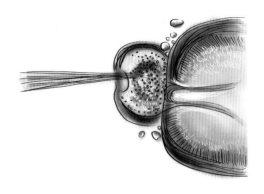

Q4　中医药可以防治新型冠状病毒感染的肺炎吗？

国家卫生健康委员会和国家中医药管理局 2020年1月27日联合发布的《新型冠状病毒感染的肺炎诊疗方案（试行第四版）》中提出了新型冠状病毒感染的肺炎中药治疗方案（见附录）。

广东省中医药局2020年1月24日发布《关于印发广东省新型冠状病毒感染的肺炎中医药治疗方案（试行第一版）的通知》、分疾病病发的早期、中期、极期、恢复期四个阶段给出了不同的中医药治疗方案（见本页二维码链接内容）。

Q4 중약(中藥 : 중국에서 사용하는 한방 생약)으로 신종코로나바이러스 감염에 의한 폐렴을 치료할 수 있는가?

2020년 1월 27일 국가위생건강위원회(國家衛生健康委員會)와 국가중의약관리국(國家中醫藥管理局)은 〈신종코로나바이러스 감염에 의한 폐렴 치료 방안(시행 제4판)〉을 발표하여 신종코로나바이러스감염증의 중의 치료 방안(부록)을 제시하였다.

2020년 1월 24일 광동성중의약국(廣東省中醫藥局)은〈신종코로나바이러스 감염에 의한 폐렴의 중의(中醫) 치료 방안(시행 제1판) 선포에 관한 통지〉를 발표하고 질병의 발병 초기, 중기, 말기, 회복기 등 4단계에 따른 중의 치료(中醫) 방안(본 페이지에 실린 QR코드를 스캔하여 그 내용을 확인할 수 있음)을 제시하였다.

추가열독5

Q5 针对新型冠状病毒，该如何进行消毒？

新型冠状病毒怕热、在56℃条件下、30分钟就能杀灭病毒；

含氯消毒剂、酒精、碘类、过氧化物类等多种消毒剂也可杀灭该病毒。

皮肤消毒可选用75%的酒精和碘伏等(注：黏膜用碘伏或其他黏膜消毒剂)。居家环境消毒可选用含氯消毒剂(如84消毒液、漂白粉或其他含氯消毒粉、泡腾片)、根据商品说明书的要求配制成有效氯浓度为500mg/L的溶液擦拭或浸泡消毒。耐热物品可采用煮沸15分钟的方法进行消毒。太阳光及紫外线灯则适用于空气、衣物、毛绒玩具、被褥等的消毒。

Q5   신종코로나바이러스를 어떻게 소독해야 하는가?

　신종코로나바이러스는 고열에 약하기 때문에 56℃ 온도
조건에서 30분 간 처리하여 소멸시킬 수 있다. 염소소독제,
알콜, 요드계 소독제, 과산화소독제 등 다양한 소독제로 바이
러스를 소멸시킬 수 있다.

　75% 알콜, 점막용 요오드포, 기타 점막 소독제 등을 사용
하여 피부를 소독한다. 그리고 84소독액, 표백분, 기타 염소
소독 분말, 발포정 등 염소소독제를 사용하여 실내를 소독한
다. 제품 설명서의 요구에 따라 염소 함량이 500mg/L인 용
액으로 닦거나 용액에 담가 소독할 수 있다. 내열성 물품은
뜨거운 물에 15분 동안 끓여서 소독할 수 있다. 공기, 의류,
털 인형, 이불, 담요 등은 일광(日光) 소독이나 자외선 소독이
가능하다.

Q6 怎样选择口罩？买不到口罩怎么办？

戴口罩是阻断呼吸道分泌物传播的有效手段。目前市面上能看到的口罩主要有医用防护口罩(N95及以上级别)、医用外科口罩和一次性医用口罩。此外、市场上还有各种明星时常佩戴的棉布口罩、海绵口罩等"网红口罩"。

单从防护效果来看、医用防护口罩(N95及以上级别)防护效果最强、然后是医用外科口罩、再次是一次性医用口罩。医用防护口罩(N95及以上级别)防病效果好、但透气性差、呼吸阻力较大、不适合长时间佩戴。

普通民众如果没有医用口罩甚至买不到口罩、那么可以选用任何能够遮掩口鼻的物品佩戴、戴什么都有保护作用、戴好过不戴、勤换勤洗即可。

医用防护口罩(N95及以上级别)主要是医生使用、普通民众并不需要如此高级别的防护。

Q6 어떻게 마스크를 선택해야 하는가? 마스크를
구매할 수 없을 경우에는 어떻게 해야 하는가?

마스크는 호흡기관 분비물에 의한 전염을 차단하는 데 효
과적인 수단이다. 현재 시장에서 유통되고 있는 마스크는 의
료용 방호 마스크(N95등급 및 그 이상 등급), 의료용 외과 마
스크, 일회용 마스크가 있다. 이 밖에 연예인들이 즐겨 착용
하는 면포마스크, 해면마스크 등도 널리 판매되고 있다. 이
중에서 의료용 방호 마스크(N95등급 및 그 이상 등급)의 방
호 효과가 가장 뛰어나다.

의료용 외과 마스크, 일회용 마스크의 방호 효과도 좋은
편이다. 의료용 방호 마스크는 방호 효과가 좋지만 통기성이
좋지 않아 호흡하기 힘들고 장시간 착용이 불가능하다. 의료
용 마스크를 구매하지 못한 사람들은 다른 물품으로 코를 가
릴 수 있는 보호 조치를 취하면 된다.

마스크와 같은 방호 물품은 자주 바꾸거나 세척해야 한
다. 의사를 제외한 일반 시민들은 의료용 방호 마스크(N95등
급 및 그 이상 등급)를 착용하지 않아도 된다.

추가열독6

Q7 可以选用带气阀的口罩吗？

带气阀的口罩作用是通过呼气阀降低口罩呼气阻力、提高戴口罩时的舒适性；但由于呼气阀是单向的、只能向外排放气体、因此这种口罩主要用于健康人的防护。

疑似感染患者不允许使用带气阀的口罩、这是为了防止患者的飞沫通过气阀排出去传染他人。

Q8 怎样正确戴口罩？

戴口罩时、要将折面完全展开、将嘴、鼻、下颌完全包住、然后压紧鼻夹、使口罩与面部完全贴合。

戴口罩前要洗手、在戴口罩过程中避免手接触到口罩内面、以降低口罩被污染的可能。要分清楚口罩的内外、上下、浅色面为内面、内面应该贴着口鼻、深色面朝外；有金属条(鼻夹)的一端是口罩的上方。

口罩不可内外面戴反、更不能两面轮流戴。

Q7   공기 밸브가 달린 마스크를 착용해도 되는가?

마스크에 달린 공기 밸브의 역할은 호흡 저항력을 줄이고 착용 시의 쾌적감을 높이는 데 있다. 공기 밸브는 기체를 밖으로 배출하는 역할만 한다. 공기 밸브가 달린 마스크는 신체가 건강한 사람들이 착용하기에 적합하다.

감염이 의심되는 환자는 공기 밸브가 달린 마스크를 착용하지 말아야 한다. 왜냐하면 공기 밸브를 통하여 환자의 침방울이 공기 속에 전파되면 다른 사람이 감염될 수 있기 때문이다.

Q8   어떻게 마스크를 올바르게 착용할 것인가?

주름진 부분을 펼쳐서 입, 코, 아래턱 부분을 모두 덮어야 한다. 그리고 마스크와 얼굴이 완전히 밀착되게 코 부분을 단단히 눌러 놓아야 한다.

마스크를 착용하기 전에 손을 깨끗이 씻어야 한다. 이는 마스크 착용 과정에서 손이 마스크의 안쪽을 접촉하면서 오염되기 때문이다. 마스크의 안쪽과 바깥쪽, 상부와 하부를 정확히 구분하여야 한다. 색깔이 연한 쪽이 안쪽 면이고 색갈이 짙은 쪽이 바깥쪽 면이다. 마스크의 안쪽 면이 피부에 닿아야 한다. 금속 고리가 달린 부분이 마스크의 상부이다. 마스크의 안쪽 면과 바깥쪽 면을 혼동하거나 양쪽 면을 번갈아가면서 착용하지 말아야 한다.

Q9 口罩戴多久需要更换一次？

为了防止感染、有些人可能一天到晚都戴着口罩、但这样会使鼻黏膜变得脆弱、失去鼻腔的原有生理功能、降低抵抗力。因此、在人口密度不高、较通风的场所、可以不佩戴口罩。

建议每隔2～4小时更换一次口罩。若口罩被污染或变潮湿、应第一时间更换。一次性口罩不能重复使用、非一次性口罩建议清洗、消毒并晾干后再次使用。

Q9 몇 시간에 한 번씩 마스크를 바꾸어야 하는가?

어떤 사람들은 하루 종일 마스크를 착용하는데 이럴 경우 비점막이 취약해져 비강이 정상적인 생리 기능을 발휘하지 못 하게 되고 따라서 저항력도 약해지게 된다. 그렇기 때문에 인구 밀도가 높지 않고 통풍이 잘 되는 장소에서는 마스크를 착용하지 않아도 된다.

마스크는 2~4시간에 한번씩 바꾸는 것이 좋다. 만일 마스크의 한쪽 면이 오염되었거나 축축해지면 인차 바꾸 어야 한다. 일회용 마스크를 다시 사용하지 말아야 한다. 일회용 이외의 마스크는 깨끗이 씻고 소독하여 말린 후 다시 사용할 수 있다.

마스크는 2~4시간에 한 번씩 바꾸는 것이 좋다. 만일 마스크의 한쪽 면이 오염되었거나 축축해지면 바로 바꾸어야 한다. 일회용 마스크를 다시 사용하지 말아야 한다. 일회용 이외의 마스크는 깨끗이 세척하고 소독하여 건조한 후 다시 사용할 수 있다.

Q10 用过的一次性口罩如何处理?

用过的一次性口罩不可以乱扔、要将口鼻接触面朝外对折(发热患者口罩的口鼻面朝内对折)、折叠两次后用挂耳线捆扎成型。折好后放入清洁自封袋中或用卫生纸巾包裹好后再丢弃到分类为"其他垃圾"的垃圾桶内。处理完口罩后要马上洗手。

如果是在医院、使用过的口罩必须包好丢进黄色的医疗废物垃圾桶中、并及时洗手。

Q11 预防新型冠状病毒感染,有没有必要戴护目镜?

护目镜是在眼睛有被病毒污染危险的特定情况下起防护作用的专业眼镜、这和专业口罩作用一样、在病房或照顾生病家庭成员时可以使用。

日常防病戴口罩就可以了、没有必要戴护目镜。

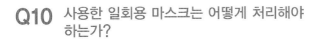
Q10 사용한 일회용 마스크는 어떻게 처리해야 하는가?

사용한 일회용 마스크를 아무 곳에나 버리지 말아야 한다. 먼저 코와 입에 닿았던 마스크의 안쪽 면이 바깥을 향하게 접는다. 발열 증상이 있는 환자가 사용하였던 마스크는 안쪽으로 접어야 한다. 그리고 다시 두 겹으로 접은 다음 마스크의 귀걸이 끈으로 단단히 묶어서 쓰레기통에 버린다. 마스크를 버린 후 바로 손을 씻어야 한다. 병원에 있을 경우 사용한 마스크는 잘 묶어서 지정한 쓰레기통에 버려야 한다.

▲ 다 사용한 마스크.   ▲ 귀걸이끈을 잘 정리한다.   ▲ 코, 입에 닿았던 안쪽이 밖을   ▲ 다시 두겹으로 접은 다음 마
废弃口罩   整理挂耳线   향하게 접는다.   크의 귀걸이끈으로 꽁꽁 묶는다.
                                                     口罩对折口鼻接触面朝外   折叠两次后捆扎成型

Q11 보안경을 착용할 필요가 있는가?

보안경은 눈을 통하여 바이러스가 감염되지 않게 보호해주는 특수한 방호용 안경이다. 보안경은 의료용 마스크와 마찬가지로 병실에 있거나 전염병에 감염된 가족을 간병할 때 착용할 수 있다. 평소에는 마스크만 착용하고 보안경은 착용할 필요가 없다.

Q12 怎样洗手才有效？

在餐前、便后、外出回家、接触垃圾、抚摸动物后、要记得洗手。洗手时、要注意用流动水和使用肥皂（洗手液）洗、揉搓的时间不少于20秒。为了方便记忆、揉搓步骤可简单归纳为七字口诀 ：内—外—夹—弓—大—立—腕。

Q12 어떻게 손을 씻어야 하는가?

식사를 하기 전, 용변을 본 후, 바깥 출입을 마치고 귀가한 후, 쓰레기나 동물을 만진 후에 반드시 손을 씻어야 한다. 흐르는 물과 비누(손세정제)를 사용하여 손을 씻어야 한다. 손에 비누를 바른 다음 두 손을 최소 20초간 마주하고 문지른다. 두 손 을 문지르는 절차에는 다음과 같은 7가지가 있다.

전문가에게
배우는
손 씻는
방법

코로나바이러스감염19의 예방과 치료— 新型冠狀病毒感染防护

〈손 씻기 방법 7가지 이미지 확인 55p〉

손바닥과 손바닥을 맞붙이고 문지른다.
内 : 掌心对掌心，相互揉搓。

번갈아가면서 한쪽 손바닥으로 다른 쪽 손등을 문지른다.
外 : 掌心对手背，两手交叉揉搓。

손깍지를 끼고 마주 비빈다.
夹 : 掌心对掌心，十指交叉揉搓。

번갈아가면서 한쪽 손바닥으로 다른 한쪽 손등을 문지른다.
弓 : 十指弯曲紧扣，转动揉搓。

한쪽 손으로 다른 한쪽 손의 엄지손가락을 움켜잡고 돌려가면서 문지른다.
大 : 揖指握在掌心，转动揉搓。

한쪽 손의 손가락을 한데 모은 다음 다른 한쪽 손의 손바닥을 비빈다.
立 : 指尖在掌心揉搓。

번갈아가면서 한쪽 손으로 다른 한쪽 손목을 문지른다.
腕 : 清洁手腕。

Q13 预防新型冠状病毒感染在饮食方面要注意什么？

日常饮食建议按照《中国居民膳食指南》进行食物搭配、应注意保持合理的饮食结构、保障均衡营养。注意食物的多样性、粗细搭配、荤素适当、多吃新鲜水果蔬菜、补充维生素与纤维素、多饮水。

不要听信偏方和食疗可以治疗新型冠状病毒感染的说法。如发现可疑症状、应做好防护、前往正规医院就诊。

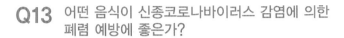

Q13 어떤 음식이 신종코로나바이러스 감염에 의한 폐렴 예방에 좋은가?

평상시 《중국주민식사지침(中國住民膳食指南)》에 따라 음식을 섭취할 것을 권장한다. 합리적인 음식 구성을 유지하고 영양 균형을 보장하는 데 주의를 돌려야 한다. 다양한 음식을 골고루 섭취해야 하기 때문에 잡곡, 흰쌀, 밀가루 음식을 번갈아 먹고 고기와 채소를 고루 섭취하며, 특히 신선한 과일과 채소를 많이 섭취함으로써 비타민과 섬유소 등을 충분히 보충하여야 한다. 또한 물을 자주 마셔야 한다.

민간요법이나 식이 요법으로 신종코로나바이러스 감염에 의한 폐렴을 치료할 수 있다는 뜬소문을 믿지 말아야 한다. 의심 증상이 발견되면 제때에 감염 통제 조치를 취하여야 하며 정식 의료 기관에 가서 진찰을 받아야 한다.

Q14 在家该如何预防新型冠状病毒感染？

确保室内空气流通。每星期最少彻底清洁家居环境一次。当物品表面或地面被呼吸道分泌物、呕吐物或排泄物污染时、应先用吸水力强的即弃抹布清除可见的污垢、然后再用适当的消毒剂清洁消毒受污染处及其附近地方。

추가열독7

Q15 出门在外应如何预防新型冠状病毒感染？

首先要确保自己的身体是健康的、如近期有发热、咳嗽等身体不适症状、应暂缓出行、先前往医院就诊。
其次出行应当尽量避开疫情流行区、如武汉。若前往其他地区、也要注意做好个人防护措施、如正确佩戴口罩、打喷嚏或咳嗽时注意用纸巾或屈肘掩住口鼻、避免手在接触公共物品或设施之后直接接触面部或眼睛、有条件时要用流水和肥皂洗手、或用免洗消毒液清洁双手。

Q14 실내에서 신종코로나바이러스 감염을 어떻게 예방할 것인가?

실내 공기를 자주 환기시켜 주어야 한다. 그리고 매주 적어도 한 번씩 실내를 철저히 청소하여야 한다. 물품 표면이나 방바닥이 호흡기 분비물, 구토물 혹은 배설물에 의해 오염되었을 경우, 먼저 흡수력이 강한 걸레로 잘 닦아낸다. 다음에 적절한 소독제로 오염된 곳과 그 주위를 깨끗이 청소하고 소독하여야 한다.

Q15 외출 시 신종코로나바이러스 감염을 어떻게 예방할 것인가?

우선 자신의 신체 상태를 확인하여야 한다. 최근 발열, 기침 등 증상이 나타난 적이 있다면, 외출을 자제하고 신속히 병원에 가서 진찰을 받아야 한다.

다음으로 중국 무한(武漢) 등 전염병 발생 지역에 가지 말아야 한다. 기타 지역에 갈 때에도 개인 보호 조치를 잘 취하여야 한다. 이를 테면 마스크를 정확하게 착용하고 기침을 할 때 휴지나 옷소매로 입과 코를 가려야 한다. 또한 공공기물이나 공공시설을 만진 손으로 얼굴이나 눈을 만지지 말아야 한다. 흐르는 물과 비누로 손을 씻거나 알콜 성분이 포함된 손소독제로 두 손을 깨끗이 소독하여야 한다.

Q16 老年人、儿童等体弱人群有哪些防护措施？

老年人是新型冠状病毒的易感人群、在疫情流行期间、应该做到避免出入人员密集的公共场所、减少不必要的社交活动、出行应佩戴口罩、勤洗手、加强居家环境的清洁和消毒、保持室内空气流通。

儿童病例虽然不多、但仍是非常需要保护的重点人群、在勤洗手、少出行、戴口罩、多通风的同时、还应该叮嘱亲戚朋友避免对儿童、尤其是婴幼儿的近距离接触、比如亲吻、逗乐等。

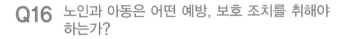
Q16 노인과 아동은 어떤 예방, 보호 조치를 취해야 하는가?

노인들은 신종코로나바이러스에 감염될 가능성이 크다. 그러므로 바이러스 전염 기간에는 사람들이 많이 모여 있는 장소에 가지 말고 불필요한 외부 활동을 자제하여야 한다. 바깥 출입 시 반드시 마스크를 착용하고 손을 자주 씻으며 실내 청결과 소독을 강화하고 실내 환기를 자주 해야 한다.

아동의 감염 사례는 많지 않지만, 아동은 항상 중점적인 보호가 필요하다는 점을 명심하여야 한다. 아동들도 성인들과 마찬가지로 손을 자주 씻고 바깥 출입을 자제하여야 한다. 바깥 출입 시 반드시 마스크를 착용하여야 한다. 아동이 있는 가정에서는 실내 통풍에 더더욱 주의를 기울여야 한다. 동시에 친척과 친지들은 아동, 영유아와 밀접 접촉을 자제하여야 한다. 이를테면 아동과 입맞춤을 하거나 장난을 치지 말아야 한다.

Q17 参加朋友聚餐要注意采取哪些防护措施？

如果有发热、咳嗽、咽痛等不适症状、不应参加聚餐。
在疾病流行季节、要减少聚餐的频次、降低患病风险。
如果一定要参加、请佩戴口罩、以减少病毒传播。聚会
或聚餐时、尽量选择通风良好的场所。

Q18 去人群聚集场所要注意采取哪些防护措施？

出门戴口罩、回家快洗手。
应尽量避免去人群密集的公共场所、以减少与患病人群
接触的机会。如必须前往公共场所、要佩戴口罩以降低
接触病原体的风险、前提是选择正确的口罩并正确佩
戴。同时应尽量避免去疾病流行地区、以降低感染风
险。

Q17 회식에 참석할 때 어떤 예방, 보호 조치를 취해야 하는가?

발열, 기침, 인후통 등 이상 증상이 발생할 경우, 회식에 참석하지 말아야 한다. 전염병 발생 기간에는 회식 횟수를 줄여 전염병의 감염 위험을 낮추어야 한다. 부득이 회식에 참석하여야 할 경우에는 마스크를 착용하여야 한다. 그리고 통풍이 잘 되는 곳을 회식 장소로 정하여야 한다.

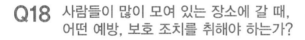

Q18 사람들이 많이 모여 있는 장소에 갈 때, 어떤 예방, 보호 조치를 취해야 하는가?

바깥출입 시 마스크를 착용하고 귀가 후 즉시 손을 씻어야 한다.

될수록 사람들이 많이 모여 있는 장소에 가지 말아야 감염 환자와의 접촉 기회를 줄일 수 있다. 반드시 가야 할 경우에는 마스크를 착용하여 병원체와의 접촉 위험을 줄여야 한다. 마스크를 정확히 선택하고 착용하여야 한다. 또한 전염병 발생 지역에 가지 않음으로써 감염 위험을 줄여야 한다.

Q19 如果出现感染症状的人不愿意接受检测、隔离怎么办？会有相关管理规定吗？

2020年1月21日、中华人民共和国政府网站发布信息称新型冠状病毒感染的肺炎纳入法定检疫传染病管理、纳入法定的乙类传染病、并采取甲类传染病的预防、控制措施、这就意味着：拒绝隔离治疗或者隔离期未满擅自脱离隔离治疗的、可以由公安机关协助医疗机构采取强制隔离治疗措施。

无论是疑似病例、确诊病例还是密切接触者、必须依法接受隔离治疗、接受疾病预防控制机构、医疗机构有关传染病的调查、检验、采集样本、隔离治疗等预防、控制措施、如实提供有关情况。

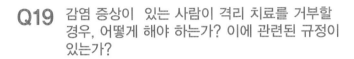

Q19 감염 증상이 있는 사람이 격리 치료를 거부할 경우, 어떻게 해야 하는가? 이에 관련된 규정이 있는가?

2020년 1월 21일 중화인민공화국정부사이트에서 발표된 공고에서 정부는 신종코로나바이러스 감염에 의한 폐렴에 대하여 법적인 검역 전염병 관리를 취하고, 신종코로나바이러스 감염증을 제2종 전염병에 신규 추가시키며, 제1종 전염병의 예방·통제 조치를 취한다고 규정하였다.

격리 치료를 거부하거나 격리 기간이 끝나기 전에 격리 치료를 중단하고 무단이탈하는 사람에 대하여 공안기관은 의료기관과 협조하여 강제적인 격리 치료 조치를 취할 수 있다.

의심 환자, 확진 환자와 밀접하게 접촉한 사람은 반드시 법에 따라 격리 치료를 받아야 한다. 구체적으로 말하면 질병 예방 통제 기구, 의료 기관의 조사, 검사, 시료 채취, 격리 치료 등 관련 예방, 통제 조치에 따라야 하고 관련 상황을 성실하게 알려야 한다.

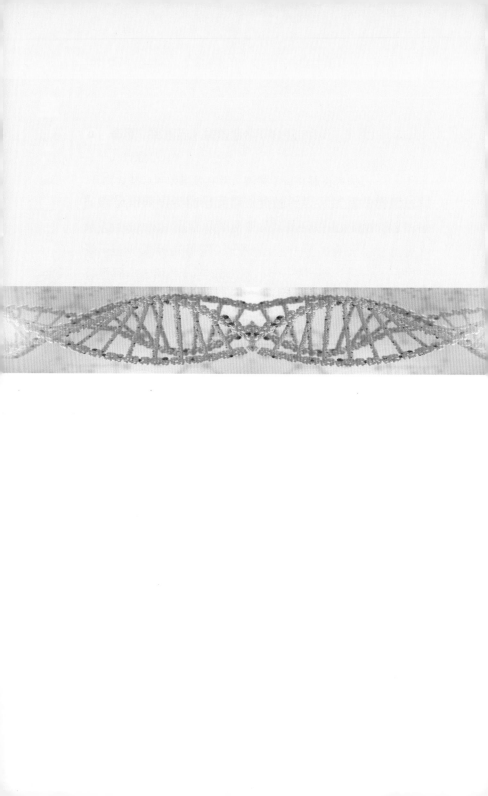

오류 편 | 误区篇

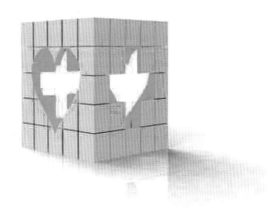

Q1　室内用食用醋能杀灭新型冠状病毒吗？

不能！食用醋所含醋酸浓度很低、达不到消毒效果、同时易对人的眼睛和呼吸道造成刺激。

Q2　吃抗病毒药物，如磷酸奥司他韦等，能预防新型冠状病毒感染吗？

虽然磷酸奥司他韦等是抗病毒药物、但目前没有证据显示其能够预防新型冠状病毒感染。

Q1 식용 식초로 실내의 신종코로나바이러스를 소멸시킬 수 있는가?

불가능하다. 식용 식초는 초산 농도가 아주 낮기 때문에 바이러스를 소멸시킬 수 없다. 식용 식초는 사람의 눈과 호흡기를 자극할 수 있다.

Q2 인산(磷酸) 오셀타미비어(oseltamivir)와 같은 항바이러스제를 복용하면 신종코로나바이러스 감염을 예방할 수 있는가?

현재까지 인산 오셀타미비어와 같은 항바이러스제로 신종코로나바이러스 감염을 예방할 수 있다는 연구결과가 나오지 않았다.

Q3　吃抗生素能预防新型冠状病毒感染吗？

不能！新型冠状病毒感染的肺炎病原体是病毒、而抗生素针对的是细菌。如以预防为目的、错误使用抗生素会增强病原体的耐药性。

Q4　吃维生素C能预防新型冠状病毒感染吗？

不能！维生素C可帮助机体维持正常免疫功能、但不能增强免疫力、也没有抗病毒的作用。疾病治疗过程中、摄入维生素C通常只是辅助性治疗手段。

Q3 항생제를 복용하면 신종코로나바이러스 감염을
예방할 수 있는가?

항생제를 복용하는 것으로 신종코로나바이러스 감염을
예방할 수 없다. 신종코로나바이러스 감염의 병원체는 바이
러스이다. 하지만 항생제는 세균을 죽이는 효과 밖에 없다.
항생제를 잘못 복용할 경우, 도리어 병원체의 내성을 강화시
킬 수 있다.

Q4 비타민C를 복용하면 신종코로나바이러스 감염을
예방할 수 있는가?

비타민C를 복용하는 것으로 신종코로나바이러스 감염을
예방할 수 없다. 비타민C는 인체의 정상적인 면역 기능을 유
지하는 데 도움이 된다. 하지만 인체의 면역력을 향상시킬 수
없고 항바이러스 작용도 일으키지 못한다. 비타민C를 복용하
는 것은 보조적인 치료 수단일 뿐이다.

Q5 戴多层口罩可以更好地预防新型冠状病毒感染吗？

戴一个口罩就可以了、戴上三四个口罩会使人喘不过气来、因为空气无法从正面进入鼻腔、只能从侧面进入、反而起不到防护效果。另外，不一定非要戴N95口罩、普通医用口罩也可以阻挡飞沫传播。

Q6 此前流感高发时，很多民众接种了流感疫苗，是否接种了流感疫苗就不容易被新型冠状病毒感染？或者即使被感染，情况也没有那么严重呢？

流感疫苗主要是预防流感的、对新型冠状病毒感染无预防作用、所以接种了流感疫苗仍可能感染新型冠状病毒、也可能出现严重症状。

Q5 마스크를 여러 개 착용하면 신종코로나바이러스 감염에 의한 폐렴을 더 효과적으로 예방할 수 있는가?

마스크는 한 번에 한 개씩 착용하여야 한다. 마스크를 여러 개 착용하면 도리어 숨을 쉬기 힘들어질 수 있다. 공기가 비강의 정면이 아닌 측면으로부터 진입할 경우, 오히려 방호 효과를 일으킬 수 없다. N95마스크가 아닌 일반 의료용 마스크도 비말의 공기 전파를 막을 수 있다.

Q6 유행성 감기가 많이 발생하는 시기에 사람들은 유행성 감기 백신을 접종한다. 유행성 감기 백신을 접종하면, 신종코로나바이러스에 쉽게 감염되지 않거나 감염되어도 심각한 증상이 발생하지 않는가?

유행성 감기 백신은 신종코로나바이러스 감염을 예방하는 효과가 없다. 그러므로 유행성 감기 백신을 접종하여도 신종코로나바이러스에 감염될 수 있고 심각한 증상이 발생할 수 있다.

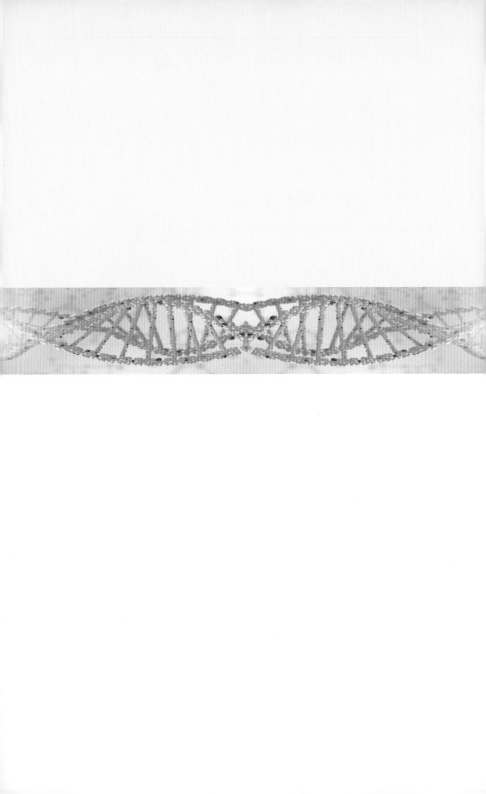

부록 | 附录

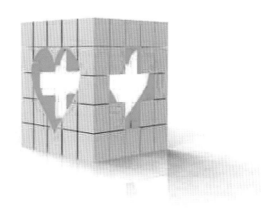

国家卫生健康委员会、国家中医药管理局联合印发　国卫办医函〔2020〕77号

新型冠状病毒感染的肺炎诊疗方案
（试行第四版）

2019年12月以来，湖北省武汉市陆续发现了多例新型冠状病毒感染的肺炎患者，随着疫情的蔓延，我国其他地区及境外也相继发现了此类病例。现已将该病纳入《中华人民共和国传染病防治法》规定的乙类传染病，并采取甲类传染病的预防、控制措施。

随着疾病认识的深入和诊疗经验的积累，我们对《新型冠状病毒感染的肺炎诊疗方案（试行第三版）》进行了修订。

一、病原学特点

新型冠状病毒属于 β属的新型冠状病毒，有包膜，颗粒呈圆形或椭圆形，常为多形性，直径60-140nm。其基因特征与SARSr-CoV和MERSr-CoV有明显区别。目前研究显示与蝙蝠SARS样冠状病毒（bat-SL-CoVZC45）同源性达85%以上。体外分离培养时，2019-nCoV 96个小时左右即可在人呼吸道上皮细胞内发现，而在 VeroE6和Huh-7细胞系中分离培养需约6天。

对冠状病毒理化特性的认识多来自对 SARS-CoV和MERS-CoV的研究。病毒对紫外线和热敏感，56℃条件下30分钟、乙醚、75%乙醇、含氯消毒剂、过氧乙酸和氯仿等脂溶剂均可有效灭活病毒，氯己定不能有效灭活病毒。

국가위생건강위원회, 국가중의약관리국 연합 인쇄발부 국위판의함(2020) 77호

신종코로나바이러스 감염에 의한 폐렴 진료 방안
(시행 제4판)

2019년 12월 이후 중국 호북성(湖北省) 무한시(武漢市)에서 신종코로나바이러스에 감염된 폐렴 환자가 잇달아 발견되었다. 전염병의 만연과 더불어 중국의 기타 지역과 국외에서 유사 사례가 발견되었다. 현재《중화인민공화국(中華人民共和國) 전염병예방퇴치법(傳染病防治法)》에 의하여 신종코로나바이러스 감염증을 제2종 전염병에 신규 추가하고 제1종 전염병의 예방, 통제 조치를 취하고 있다.

질병에 대한 인식의 발전과 치료 경험의 축적으로〈신종코로나바이러스 감염에 의한 폐렴 진료 방안(제3판)〉은 아래와 같이 수정되었다.

1. 병원학적 특성

신종코로나바이러스는 β그룹에 속하는 코로나바이러스로 포막이 있고 과립의 모양은 원형 혹은 타원형이다. 일반적으로 다형성(多形性)이고 직경은 60~140nm이다. 유전자 특징은 사스코로나바이러스(SARSr-CoV), 메르스코로나바이러스(MERSr-CoV)와 뚜렷하게 구별된다. 지금까지 연구에 의하면 박쥐 유래 사스 유사 코로나바이러스(bat-SL-CoVZC45)와 85% 이상 일치한 것으로 밝혀졌다. 체외 분리 배양을 한 결과, 신종코로나바이러스(2019-nCoV)는 96시간 후 사람의 호흡기 상피 세포 내에서 발견되었다. Vero-E6과 Huh-7 세포계에서 분리 배양하는 데 6일이 소요되었다.

코로나바이러스의 이화학적(理化學的) 특성에 대한 이해는 대

二、流行病学特点

（一）传染源。

目前所见传染源主要是新型冠状病毒感染的肺炎患者。

（二）传播途径。

经呼吸道飞沫传播是主要的传播途径，亦可通过接触传播。

（三）易感人群。

人群普遍易感。老年人及有基础疾病者感染后病情较重，儿童及婴幼儿也有发病。

三、临床特点

（一）临床表现。

基于目前的流行病学调查，潜伏期一般为3-7天，最长不超过14天。

以发热、乏力、干咳为主要表现。少数患者伴有鼻塞、流涕、腹泻等症状。重型病例多在一周后出现呼吸困难，严重者快速

부분 기존의 사스코로나바이러스(SARS-CoV)와 메르스코로나바이러스(MERS-CoV)에 관한 연구를 통해 얻은 것이다. 코로나바이러스는 자외선과 열에 민감하기 때문에 56℃ 온도 조건에서 30분간 처리하면 소멸시킬 수 있다. 그리고 에틸에테르(ethyl ether), 75% 에틸알코올(ethyl alcohol), 염소소독제, 과산화아세트산, 클로르포름(chloroform) 등을 사용하여 소멸시킬 수 있다. 그러나 클로르헥시딘(chlorhexidine)으로는 살아 있는 바이러스를 효과적으로 소멸시킬 수 없다.

2. 역학적(疫學的) 특징

(1) 전염원
현재까지 확인된 가장 중요한 전염원은 신종코로나바이러스에 감염된 폐렴 환자이다.

(2) 전염 전파 경로
주요 전염 전파 경로는 호흡기를 통한 비말 전파이고 접촉을 통해서도 전파될 수 있다.

(3) 감염성
사람들에게 쉽게 감염될 수 있다. 노인이나 기저(基底) 질환 환자의 경우 감염되면 비교적 심각한 증상이 발생한다. 아동, 영아, 유아에게도 감염될 수 있다.

3. 임상적 특성

(1) 임상 증상
현재까지 역학 조사에 의하면 바이러스의 잠복기는 일반적으로 3~7일 정도이고 최장 14일을 초과하지 않는다.

주요 증상은 발열, 무기력, 마른기침 등이 있다. 중증 환자의 경우

进展为急性呼吸窘迫综合征、脓毒症休克、难以纠正的代谢性酸中毒和出凝血功能障碍。值得注意的是重型、危重型患者病程中可为中低热，甚至无明显发热。

部分患者仅表现为低热、轻微乏力等，无肺炎表现，多在1周后恢复。

从目前收治的病例情况看，多数患者预后良好，儿童病例症状相对较轻，少数患者病情危重。死亡病例多见于老年人和有慢性基础疾病者。

（二）实验室检查。

发病早期外周血白细胞总数正常或减低，淋巴细胞计数减少，部分患者出现肝酶、肌酶和肌红蛋白增高。多数患者C反应蛋白（CRP）和血沉升高，降钙素原正常。严重者 D-二聚体升高、外周血淋巴细胞进行性减少。

在咽拭子、痰、下呼吸道分泌物、血液等标本中可检测出新型冠状病毒核酸。

（三）胸部影像学。

早期呈现多发小斑片影及间质改变，以肺外带明显。进而发展为双肺多发磨玻璃影、浸润影，严重者可出现肺实变，胸腔积液少见。

1주일 후 호흡 곤란 증상이 발생하고 위독한 환자의 경우 성인 호흡 곤란 증후군, 패혈성 쇼크, 심각한 대사성 산증, 혈액 응고 장애가 발생할 수 있다. 주의해야 할 점은 중증, 위중 환자의 체온이 약간 상승하지만 뚜렷한 발열 증상이 발생하지 않는 경우가 있다는 것이다.

약간의 발열 증상과 무기력 증상이 나타나고 폐렴 증상은 발생하지 않다가 1주일 후 회복되는 환자도 있다.

현재까지 치료 상황을 보면 대부분 환자들은 예후(豫後 : 병이 나은 뒤 경과)가 양호하고 소아 환자들은 상대적으로 증상이 경미하다. 병세가 위중한 환자는 소수이다. 사망 사례는 대부분 노인이나 만성 기저 질환 환자들한테서 나타난다.

(2) 실험실 검사

발병 초기 말초 혈액 백혈구 수치가 정상이거나 감소하고 임파 세포수가 감소한다. 일부 환자는 간세포 효소, 근육 내 효소, 미오글로빈(myoglobin) 수치가 상승한다. 대부분 환자는 C반응성 단백질(CRP)과 혈침(血沈) 수치가 상승하고 프로칼시토닌(Procalcitonin) 수치는 정상이다. 위중한 환자는 D-2합체 수치가 상승하고 혈중 임파 세포수가 감소한다.

가래, 인후 체액, 하부 호흡기 분비물, 혈액 등의 시료에서 신종코로나바이러스 핵산이 발견되었다.

(3) 흉부 영상 검사

초기에는 폐의 주변 부위에서 작은 반점 모양의 음영이 뚜렷하게 관찰된다. 병세가 진행되면서 양쪽 폐에서 간유리 음영과 침윤 음영이 관찰된다. 심한 경우에 폐의 실질적인 변이가 발생한다. 그러나 흉수(胸水 : 가슴막 안에 괴는 물)는 드물게 관찰된다.

四、诊断标准

（一）疑似病例。

结合下述流行病学史和临床表现综合分析：

① 流行病学史

- 发病前14天内有武汉地区或其他有本地病例持续传播地区的旅行史或居住史；

- 发病前14天内曾接触过来自武汉市或其他有本地病例持续传播地区的发热或有呼吸道症状的患者；

- 有聚集性发病或与新型冠状病毒感染者有流行病学关联。

② 临床表现

- 发热；

- 具有上述肺炎影像学特征；

- 发病早期白细胞总数正常或降低，或淋巴细胞计数减少。有流行病学史中的任何一条，符合临床表现中任意2条。

（二）确诊病例。

疑似病例，具备以下病原学证据之一者：

① 呼吸道标本或血液标本实时荧光RT-PCR检测新型冠状病毒核酸阳性；

② 呼吸道标本或血液标本病毒基因测序，与已知的新型冠状病毒高度同源。

4. 진단 기준

(1) 의심 환자

아래의 역학 병력과 임상 증상을 종합적으로 분석한다.

① 역학 병력

- 발병 14일 이내에 무한시(武漢市)나 기타 전염병 전파 지역에
  간 적이 있거나 해당 지역에 거주한 적이 있다.
- 발병 14일 이내에 무한시(武漢市) 또는 기타 전염병 전파 지역
  에서 발열이나 호흡기 증상이 발생한 환자와 접촉한 적이 있다.
- 집단 발병이나 신종코로나바이러스 감염 환자와 역학적 연관이
  있다.

② 임상 증상

- 발열
- 앞에서 서술한 폐렴의 영상의학적(映像醫學的) 특징
- 백혈구의 수치가 정상이거나 감소하고 임파 세포수의 수치가
  감소한다. 임의의 한 가지 역학 증상이나 임의의 2가지 임상 증
  상이 나타난 환자.

(2) 확진 환자

의심 환자 가운데서 아래의 병인학(病因學 : 질병의 발병 원인과
그 적용 방식을 연구하는 학문)적 증상이 발견된 환자

① 호흡기 또는 혈액 시료의 실시간 중합 효소 연쇄 반응 검사(RT-
  PCR)에서 코로나바이러스 핵산 양성 반응이 발생한 경우.

② 호흡기 또는 혈액에서 채취한 시료의 유전자 검사에서 발견된
  바이러스와 현재까지 알려진 신종코로나바이러스의 병원체가
  거의 일치되는 경우.

五、临床分型

（一）普通型。

具有发热、呼吸道等症状，影像学可见肺炎表现。

（二）重型。

符合下列任何一条：

① 呼吸窘迫，RR≥30次/分；

② 静息状态下，指氧饱和度≤93%；

③ 动脉血氧分压(PaO2)/吸氧浓度(FiO2)≤300mmHg
   (1mmHg=0.133kPa)。

（三）危重型。

符合以下情况之一者：

① 出现呼吸衰竭，且需要机械通气；

② 出现休克；

③ 合并其他器官功能衰竭需ICU监护治疗。

六、鉴别诊断

主要与流感病毒、副流感病毒、腺病毒、呼吸道合胞病毒、鼻病毒、人偏肺病毒、SARS冠状病毒等其他已知病毒性肺炎鉴别，与肺炎支原体、衣原体肺炎及细菌性肺炎等鉴别。此外，还要与非感染性疾病，如血管炎、皮肌炎和机化性肺炎等鉴别。

5. 임상 분류

(1) 일반 환자

발열과 호흡기 증상이 발생하고 영상 의학 검사에서 폐렴 증상이 발견된 경우.

(2) 중증 환자

아래의 하나에 해당하는 경우.

① 호흡수 증가(RR≥30회/분)

② 안정 상태에서 혈액 산소의 포화도≤93%

③ 동맥혈 산소 분압(PaO2)/산소 흡입 농도(FiO2)≤300mmHg
(1mmHg =0.133kPa)

(3) 위중 환자

아래의 하나에 해당하는 경우.

① 호흡 부전이 발생하고 산소 호흡기가 필요한 경우.

② 쇼크가 발생한 경우.

③ 기타 신체 기관에 기능 부전이 발생하여 중환자실에 이송하여 야 하는 경우.

6. 구별과 진단

유행성 감기 바이러스, 파라인플루엔자바이러스(parainfluenza viruses), 아데노바이러스(Adenoviridae), 호흡기 합포체 바이러스, 코감기 바이러스, 사람 메타뉴모바이러스, 사스코로나바이러스 등 이미 알려진 바이러스성 폐렴과 구별하여야 한다. 그리고 폐렴 마이코플라즈마 감염, 클라미디아 폐렴, 세균성 폐렴 등과도 구별하여야 한다. 그 외에 혈관염, 피부 근육염, 기질화 폐렴 등 비감염성 질환과도 구별

七、病例的发现与报告

各级各类医疗机构的医务人员发现符合病例定义的疑似病例后，应立即进行隔离治疗，院内专家会诊或主诊医师会诊，仍考虑疑似病例，在2小时内进行网络直报，并采集呼吸道或血液标本进行新型冠状病毒核酸检测，同时尽快将疑似病人转运至定点医院。与新型冠状病毒感染的肺炎患者有流行病学关联的，即便常见呼吸道病原检测阳性，也建议及时进行新型冠状病毒病原学检测。

疑似病例连续两次呼吸道病原核酸检测阴性（采样时间至少间隔 1天），方可排除。

八、治疗

（一）根据病情严重程度确定治疗场所。

① 疑似及确诊病例应在具备有效隔离条件和防护条件的定点医院隔离治疗，疑似病例应单人单间隔离治疗，确诊病例可多人收治在同一病室。

② 危重型病例应尽早收入ICU治疗。

（二）一般治疗。

① 卧床休息，加强支持治疗，保证充分热量；注意水、电解质平衡，维持内环境稳定；密切监测生命体征、指氧饱和度等。

② 根据病情监测血常规、尿常规、CRP、生化指标（肝酶、

하여야 한다.

7. 질병 사례의 발견과 보고

각급 의료 기관 의료진은 의심 환자를 발견할 경우 즉시 격리 치료를 하고 병원 내 전문가 회진, 주치 의사 회진을 하여야 한다. 의심 환자를 발견하면 2시간 이내에 인터넷에 발표하여야 한다. 호흡기 및 혈액 시료를 채취하여 신종코로나바이러스 핵산 검사를 진행하는 동시에 의심 환자를 지정 병원으로 이송하여야 한다. 신종코로나바이러스 감염증 환자에게 역학적 관련이 있는 경우 즉 흔히 볼 수 있는 호흡기 질환 검사에서 양성 판정이 나와도 빠른 시일 내에 신종코로나바이러스에 대한 병인학 검사를 권고한다.

의심 환자에 대하여 실시한 바이러스 핵산 검측에서 2회(1일 간격으로 검사) 모두 음성 판정이 나와야 의심을 배제할 수 있다.

8. 치료

(1) 병세에 따라 치료 장소를 결정한다.

① 의심 환자와 확진 환자는 각각 격리와 방호 조건을 갖춘 시설에서 격리 치료를 받게 한다. 의심 환자는 독방에서 격리 치료를 해야 하며 확진 환자는 같은 병실에서 치료를 받을 수 있다.

② 중증·위중 환자는 가능한 한 조속히 중환자실에 입원시켜 치료를 받게 한다.

(2) 일반 치료

① 환자를 침대에 눕혀 안정을 취하게 하고 영양 공급을 통해 충분한 열량을 보충해주어야 한다. 수분 섭취 및 전해질 균형, 안정적인 환경을 유지하고 활력 징후(活力徵候 : 혈압, 맥박, 호흡

코로나바이러스감염19의 예방과 치료─신형 관상병독 감염 방호

心肌酶、肾功能等）、凝血功能，必要时行动脉血气分析，复查胸部影像学。

③ 根据氧饱和度的变化，及时给予有效氧疗措施，包括鼻导管、面罩给氧，必要时经鼻高流量氧疗、无创或有创机械通气等。

④ 抗病毒治疗：可试用α-干扰素雾化吸入（成人每次500万U，加入灭菌注射用水2ml，每日2次）；洛匹那韦/利托那韦（200mg/50mg，每粒）每次 2粒，每日2次。

⑤ 抗菌药物治疗：避免盲目或不恰当使用抗菌药物，尤其是联合使用广谱抗菌药物。加强细菌学监测，有继发细菌感染证据时及时应用抗菌药物。

（三）重型、危重型病例的治疗。

① 治疗原则：在对症治疗的基础上，积极防治并发症，治疗基础疾病，预防继发感染，及时进行器官功能支持。

② 呼吸支持：无创机械通气2小时，病情无改善，或患者不能耐受无创通气、气道分泌物增多、剧烈咳嗽，或血流动力学不稳定，应及时过渡到有创机械通气。

有创机械通气采取小潮气量"肺保护性通气策略"，降低

수, 체온)를 면밀히 관찰하고 혈액 내 산소 포화도를 지속적으로 관찰하고 측정하여야 한다.

② 환자의 상태에 따라 일반 혈액 검사, 소변 검사, C반응성 단백질, 생화학 지표(간세포 효소, 심근 효소, 신장 기능 등), 혈액 응고 인자, 동맥혈 가스 분석, 흉부 영상 검사를 다시 진행한다.

③ 혈액 내 산소 포화도의 변화에 따라 필요한 경우에 환자에게 산소를 공급한다. 코 삽입관 또는 산소 마스크를 이용하여 산소를 공급한다. 고유량 비강 삽입관 산소 요법 또는 비침습적 혹은 침습적 인공 호흡기 등을 통하여 산소를 공급한다.

④ 항바이러스 치료 : α-인터페론(interferon) 증기 흡입 치료를 진행할 수 있다. 성인의 경우 매회 500만U을 멸균 주사 용액 2mL에 넣어서 하루에 2회씩 투여한다. 로피나비르(Lopinavir) 200mg과 리토나 비르(Ritonavir) 50mg을 혼합하여 하루에 2회씩 투여한다.

⑤ 항균제치료 : 광역 항균제를 함께 투여하는 것처럼 항생제를 맹목적으로 혹은 부적절하게 사용하는 것을 피해야 한다. 세균학적 검사를 통하여 2차적 세균 감염 증거가 발견되었을 경우 신속히 항생제를 투여하여야 한다.

(3) 중증 및 위중 환자의 치료

① 치료 원칙 : 대증요법(symptomatic therapy : 환자의 증상에 따라 대처하는 치료법)을 기본으로 하고 합병증을 적극적으로 예방하며 기저 질환을 치료하고 감염을 예방하며 환자의 신체 기능이 잘 유지되게 하여야 한다.

② 호흡 유지 : 비침습적 인공 산소 호흡기를 2시간 사용하여 병세가 호전되지 않는 경우, 비침습적 인공 산소 호흡기를 사용할

呼吸机相关肺损伤。

必要时采取俯卧位通气、肺复张或体外膜肺氧合（ECMO）等。

③ 循环支持：充分液体复苏的基础上，改善微循环，使用血管活性药物，必要时进行血流动力学监测。

④ 其他治疗措施：可根据患者呼吸困难程度、胸部影像学进展情况，酌情短期内（3～5天）使用糖皮质激素，建议剂量不超过相当于甲泼尼龙 1～2mg/kg·d；可静脉给予血必净100mL/日，每日2次治疗；可使用肠道微生态调节剂，维持肠道微生态平衡，预防继发细菌感染；有条件情况下可考虑恢复期血浆治疗。

患者常存在焦虑恐惧情绪，应加强心理疏导。

（四）中医治疗。

本病属于中医疫病范畴，病因为感受疫疠之气，各地可根据病情、当地气候特点以及不同体质等情况，参照下列方案进行辨

수 없는 경우, 비침습적 인공 산소 호흡기에 생긴 분비물 때문에 환자가 기침을 심하게 하는 경우, 혈류의 역학적 상태가 불안정한 경우에는 신속히 침습적 인공 산소 호흡기를 사용하여야 한다.

침습적 인공 산소 호흡기의 통기량을 적절히 조절하여 폐를 보호하고 폐 손상을 줄여야 한다. 필요 시 복와위(lateral recumbent position) 통기, 폐 회복 조작이나 체외막 산소 공급을 진행할 수 있다.

③ 순환 유지 : 체액의 순환이 충분히 회복된 상황 하에서 혈관 활성 약물을 사용하여 미세 순환을 개선시킬 수 있다. 필요시 혈류의 역학적 관찰과 측정을 진행할 수 있다.

④ 기타 치료 : 환자의 호흡 상태와 흉부 영상학 진전 상황에 근거하여 일정 기간(3~5일) 동안 당질 코르티코이드(glucocorticoid)를 주사한다. 주사량은 메틸프레드니솔론(methyl prednisolone) 1~2mg/ kg · d를 기준으로 한다. 혈필정(血必净) 주사액을 하루에 100mL씩, 2차례 정맥 주사한다. 장내 미생물 조절제를 투여하여 장내 미생물의 균형을 유지하고 속발성(續發性 : 어떤 병으로 인해서 다른 병이 그 병에 이어서 생기는 특성) 세균 감염을 예방한다. 조건에 따라 회복기 혈장 치료를 고려할 수도 있다.

감염 환자들에게 불안, 공포 등 불안 정서가 자주 나타나기 때문에 심리 치료를 병행하여야 한다.

⑷ 중의(中醫) 치료

중의학(中醫學)에서 코로나바이러스감염증-19는 전염병 부류에 포함되기 때문에 질병을 유발한 원인은 전염성이 강한 외부의 사기(邪

证论治。

① 医学观察期

－临床表现 1：乏力伴胃肠不适

－推荐中成药：藿香正气胶囊（丸、水、口服液）

－临床表现 2：乏力伴发热

－推荐中成药：金花清感颗粒、连花清瘟胶囊（颗粒）、疏风解毒胶囊（颗粒）、防风通圣丸（颗粒）

② 临床治疗期

－ 初期：寒湿郁肺

○ 临床表现：恶寒发热或无热，干咳，咽干，倦怠乏力，胸闷，脘痞，或呕恶，便溏。舌质淡或淡红，苔白腻，脉濡。

○ 推荐处方：苍术15g、陈皮10g、厚朴10g、藿香10g、草果6g、生麻黄6g、羌活10g、生姜10g、槟榔10g

－ 中期：疫毒闭肺

○ 临床表现：身热不退或往来寒热，咳嗽痰少，或有黄痰，腹胀便秘。胸闷气促，咳嗽喘憋，动则气喘。舌质红，苔黄腻或黄燥，脉滑数。

○ 推荐处方：杏仁10g、生石膏30g、瓜蒌30g、生大黄6g（后下）、生炙麻黄各 6g、葶苈子10g、桃仁10g、草果6g、槟榔10g、苍术 10g

○ 推荐中成药：喜炎平注射剂，血必净注射剂

－ 重症期：内闭外脱

临床表现：呼吸困难、动辄气喘或需要辅助通气，伴神昏，烦躁，汗出肢冷，舌质紫暗，苔厚腻或燥，脉浮大无根。

氣 : 사람의 몸에 병을 일으키는 여러 가지 외적 요인을 통틀어 이르는 말)이다. 각 지역의 역병 상황과 지리적·기후적 특징, 환자의 체질에 따라 병의 상황이 달라질 수 있다. 그러므로 아래의 임상 증상에 따라 변증 치료(辨證治療 : 한의학적 원리에 의하여 병증을 가리고 이에 따라 치료 대책을 세우는 일)를 진행할 수 있다.

① 관찰 기간

– 임상 증상 : 기력이 없고 위장이 불편하다.

– 추천 제제 : 곽향정기캡슐(藿香正氣膠囊, 환약, 물약, 구복액)

– 임상 증상 : 기력이 없고 발열 증상이 나타난다.

– 추천 제제 : 금화청감과립(金花淸感顆粒), 연화청온캡슐(連花淸瘟膠囊), 소풍해독캡슐(疏風解毒膠囊), 방풍통성환(防風通聖丸).

② 임상 치료 기간

– 초기 : 습하고 찬 기운이 폐에 쌓인다.

ㅇ 임상 증상 : 오한이 나고 열이 나거나 혹은 열이 나지 않으며 마른기침을 하고 목이 마르며 몸이 나른해나고 기력이 없으며 가슴이 답답하고 피부에 감각이 없고 속이 메스껍다. 대변이 묽고 혀의 색갈이 옅거나 담홍색을 띠며 태(苔)는 백니(白膩), 맥(脈)은 유맥(濡脈)을 보인다.

ㅇ 추천 처방 : 창출(蒼朮) 15g, 진피(陳皮) 10g, 후박(厚朴) 10g, 곽향(藿香) 10g, 초과(草果) 6g, 생마황(生麻黃) 6g, 강활(羌活) 10g, 생강(生薑) 10g, 빈랑(檳郞) 10g이다.

– 중기 : 역독(疫毒)이 폐에 쌓인다.

ㅇ 임상 증상 : 열이 내리지 않고 오한과 발열 증상이 번갈아 나타난다. 마른기침을 하거나 누런 가래가 생긴다. 복부가 팽창하고 변비 증상이 있다. 가슴이 답답하고 숨이 차오르며 움직일 때 숨쉬기가 힘들어지며 혀의 색갈이 붉거나 혀가 건조하다. 활맥

○ 推荐处方 ：人参15g、黑顺片10g（先煎）、山茱萸15g，送服苏合香丸或安宫牛黄丸

○ 推荐中成药 ：血必净注射液、参附注射液、生脉注射液

－ 表现 ：气短、倦怠乏力、纳差呕恶、痞满，大便无力，

○ 便溏不爽，舌淡胖，苔白腻。

○ 推荐处方 ：法半夏9g、陈皮10g、党参15g、炙黄芪30g、茯苓 15g、藿香10g、砂仁6g（后下）

과 수맥이 만져진다.

○ 추천 처방 : 행인(杏仁) 10g, 생석고(生石膏) 30g, 과루(瓜蔞)
30g, 생대황(生大黃) 6g(후에 첨가함), 생마황(生麻黃) 6g, 자
마황(炙麻黃) 6g, 정력자(葶藶子) 10g, 도인(桃仁) 10g, 초과
(草果) 6g, 빈랑(檳郎) 10g, 창출(蒼朮) 10g.

○ 추천 제제 : 희염평주사제(喜炎平注射劑), 혈필정주사제(血必
淨注射劑).

– 중증 기간: 속에 열이 쌓여 음액이 부족하게 된다.

○ 임상 증상: 호흡이 곤란하고 움직일 때마다 숨이 차오른다. 인
공 산소 호흡기를 사용할 필요가 있다. 정신이 혼미를 동반하고
마음이 초조해지며 땀이 나지만 사지가 차갑고 혀의 색갈이 짙
은 자색을 띠며 두껍고 건조한 설태가 낀다. 산맥(散脉)이 만져
진다.

○ 추천 처방 : 人蔘(인삼) 15g, 黑順片(흑순편) 10g(先煎), 山茱萸
(산수유) 15g을 달인 물에 소합향환(蘇合香丸) 혹은 안궁우황환
(安宮牛黃丸)을 복용한다.

○ 추천 제제 : 혈필정주사액(血必淨注射液), 삼부주사액(參附注射
液), 생맥주사액(生脈注射液).

– 회복 기간 : 폐와 비장의 기가 허해진다.

○ 임상 증상 : 숨이 차고 몸이 나른해지며 기력이 없다. 식사량이
줄어들고 속이 메스꺼우며 비만(痞滿 : 기(氣)가 순조롭게 소통
되지 못하여 가슴과 배가 답답하고 더부룩한 느낌이 있는 증상)
이 나타난다. 대변이 묽고 혀의 색갈이 옅어지고 혀가 두꺼워지
며 흰 설태가 낀다.

○ 추천 처방 : 법반하(法半夏) 9g, 진피(陳皮) 10g, 당삼(黨蔘)
15g, 자황기(炙黃芪) 30g, 복령(茯苓) 15g, 곽향(藿香) 10g, 사

九、解除隔离和出院标准

体温恢复正常 3天以上、呼吸道症状明显好转，连续两次呼吸道病原核酸检测阴性（采样时间间隔至少1天），可解除隔离出院或根据病情转至相应科室治疗其他疾病。

十、转运原则

运送患者应使用专用车辆，并做好运送人员的个人防护和车辆消毒，见《新型冠状病毒感染的肺炎病例转运工作方案》（试行）。

十一、医院感染控制

严格遵照我委《医疗机构内新型冠状病毒感染预防与控制技术指南（第一版）》、《新型冠状病毒感染的肺炎防护中常见医用防护使用范围指引（试行）》的要求执行。

인(砂仁) 6g(후에 첨가함).

9. 격리 해제 및 퇴원 기준

체온이 정상으로 회복된 지 3일이 되었고 호흡기에 나타났던 증상들이 뚜렷하게 호전되었으며 2차례 연속 진행한 병원체 핵산 검사(1일 간격으로 시료를 채취함)에서 음성 반응이 나왔을 때 격리를 해제하고 환자를 퇴원시키거나 다른 병실로 옮겨 기타 질병을 치료할 수 있다.

10. 이송 원칙

환자를 이송할 때 전용 차량을 사용하여야 한다. 운송 인원은 개인 방호복을 착용하고 차량을 소독하여야 한다. 구체적인 내용은 〈신종코로나바이러스 감염에 의한 폐염환자 이송 방안〉을 참조한다.

11. 병원 내 감염 통제

본 위원회에서 반포한 〈의료기관 내 신종코로나바이러스 감염증에 의한 폐렴 예방·통제에 관한 지침(제1판)〉, 〈신종코로나바이러스 감염에 의한 폐염의 일반 의료용 방호구 사용 범위 지침(시행)〉을 엄격히 준수하여야 한다.